FUZA DONGTAI FUHE DIANNENG JILIANG
XINHAO TEXING FENXI

复杂动态负荷电能计量
信号特性分析

袁瑞铭　王学伟　徐　晋　张东晖
岳　虎　李文文　王国兴　吴　迪　｜　编著
郭　皎　王　晨　姜振宇

中国电力出版社
CHINA ELECTRIC POWER PRESS

内 容 提 要

本书分为 5 章，主要介绍了复杂动态负荷电能计量的背景、意义及研究现状，典型电力动态负荷信号的预处理和波形特性分析方法，电力动态负荷信号建模方法，典型非线性电力动态负荷信号的确定性特性分析方法，典型非线性电力动态负荷信号的随机特性分析方法等内容。

本书可作为电力企业、智能电能表制造企业、电能计量芯片企业等从事电能计量和测量相关工作的工程技术人员学习和工作参考用书，也可作为高等学校研究生教学用书。

图书在版编目（CIP）数据

复杂动态负荷电能计量信号特性分析 / 袁瑞铭等编著. —北京：中国电力出版社，2022.8
ISBN 978-7-5198-6812-3

Ⅰ．①复…　Ⅱ．①袁…　Ⅲ．①电负荷–电能计量–信号分析　Ⅳ．①TM92②TB971

中国版本图书馆 CIP 数据核字（2022）第 096193 号

出版发行：中国电力出版社
地　　址：北京市东城区北京站西街 19 号（邮政编码 100005）
网　　址：http://www.cepp.sgcc.com.cn
责任编辑：刘丽平
责任校对：黄　蓓　常燕昆
装帧设计：赵丽媛
责任印制：石　雷

印　　刷：望都天宇星书刊印刷有限公司
版　　次：2022 年 8 月第一版
印　　次：2022 年 8 月北京第一次印刷
开　　本：787 毫米×1092 毫米　16 开本
印　　张：13.75
字　　数：286 千字
印　　数：0001—1000 册
定　　价：70.00 元

前言 << Preface

电能是关系国计民生的重要二次能源，电能表作为国家法定电能计量器具和贸易结算专用仪表，已广泛应用于智能电网的各个环节，其误差与性能将直接影响电能交易的公平公正及对客户的优质服务水平。

随着现代化工业的飞速发展和以"双高"为显著特征的新型电力系统建设的推进，一些大容量的电力电子负载，如炼钢电弧炉、电气化铁路牵引机车、轧钢机、电弧焊机等，在电力负荷中的比例越来越高。这些负载在运行过程中会产生大范围、快时变、强随机的动态功率信号，影响了电能表的准确计量。如何描述和分析冲击与动态负荷的典型特性和特征，并阐明其对电能表计量准确性的影响，是为实现"碳达峰、碳中和"重大战略目标亟待解决的重要问题。

本书介绍了复杂动态负荷电能计量信号特性的分析方法。第 1 章主要介绍了动态负荷特性对电能计量影响分析的背景、意义及研究现状；第 2 章叙述了典型电力动态负荷信号的预处理方法，并以电弧炉和电气化铁路为例，进行波形特性分析；第 3 章阐述了电力动态负荷信号建模方法；第 4 章详细介绍了分布式光伏电源、电弧炉、轧钢机和电气化铁路四种典型非线性电力动态负荷信号的确定性特性分析方法；第 5 章叙述了第 4 章中四种典型非线性电力动态负荷信号的随机特性分析方法。

本书阐明了复杂动态负荷电能计量信号特性分析中的关键问题。根据现场实测信号开展分析，提出了复杂动态负荷信号的确定性特性和随机特性分析方法，建立了随机信号模型，真实、客观地反映了动态负荷信号的变化规律。

本书所涉及的技术内容，可以给电能表制造或计量芯片制造企业的研发人员有针对性地设计计量算法提供理论依据，可以为测试仪器行业的技术人员研发电能表测试设备提供测试信号理论模型和算法支撑，可以为标准化机构及用户制定相应的技术标准和验收规范提供依据，也可以作为高校或者培训机构的选修教材。

书中第 1 章由张东晖、袁瑞铭编写；第 2 章由徐晋、王国兴、王晨编写；第 3 章由李文文、姜振宇、郭皎编写；第 4 章由袁瑞铭、岳虎、李文文编写；第 5 章由王学伟、徐晋、吴迪编写。袁瑞铭、王学伟、徐晋对全书进行了统稿。

因时间和作者水平所限，不妥之处在所难免，恳请读者指正。

编　者
2022 年 6 月

目录
<< Contents

概　述

1.1　动态负荷特性对电能计量影响分析的背景与意义

随着全球工业化和社会化进程的加快推进，各国对能源资源的竞争不断加剧，能源资源匮乏和能源需求持续增长的矛盾、生态环境恶化和可持续化发展的矛盾进一步加深。面对此类问题，大力发展电力网络建设成为各国优化能源配置与结构，实现社会经济与自然环境协调可持续发展的重要举措。国家有关部门积极推进了"互联网+"的行动计划，综合运用现代科技技术和智能管理技术，建设以电网为中心、基于可再生能源的能源互联网。与传统电网相比，智能电网凭借其灵活可靠性、经济高效性、友好交互性等特点快速得到全面发展，成为新时代电力建设的重要目标，引领能源变革的方向。2007年，智能电网的有关项目开始启动，标志着智能电网正式进入中国，智能电网的系统架构图如图1-1所示。2009年，国家电网公司结合本国能源结构和电力情况发布了坚强智能电网发展战略计划。智能电网给中国电力系统的建设和发展带来前所未有的机遇，也面临着许多难题和挑战。

一方面，在电力发展"十四五"规划"双碳"目标的指引下，需严格控制煤炭消费增长，大力发展风电、太阳能等新能源发电，加快构建新型电力系统，大力开展绿色低碳技术研发，推广绿色生产生活方式，进一步完善绿色低碳循环发展的政策体系。按照"十四五"规划的要求，到2025年，非化石能源消费比例需达到20%左右，单位国内生产总值能源消耗比2020年下降13.5%，单位国内生产总值二氧化碳排放比2020年下降18%，从而为实现碳达峰奠定坚实基础。据中国电力企业联合会发布的信息，2011～2021年全国发电装机容量和占比情况如表1-1所示。数据表明近10年来，随着绿色低碳能源转型和电力体制改革步伐加快，发电装机配置结构不断优化，可再生能源发电占比持续增高，截至2021年，全国清洁能源发电装机容量占比为45%。随着中国可再生的风电、光伏能源的比例不断增加，可再生能源发电的输出功率具有随机性、间歇性、波动性，该特性与用电侧动态负荷特性一起对电能准确计量产生影响。

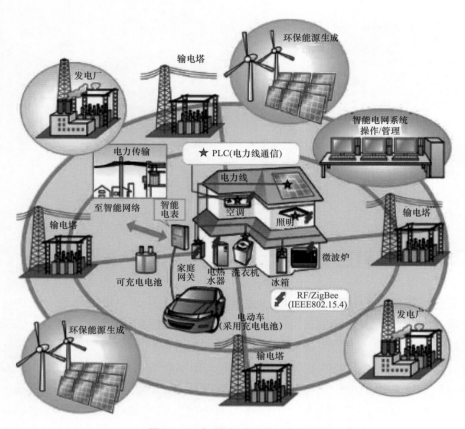

图 1-1　智能电网的系统架构图

表 1-1　　　　　2011～2021 年全国发电装机容量和占比情况

年度	火电发电装机		清洁能源发电装机				
	容量（万 kW）	占比	容量（万 kW）				占比
			水电	核电	风电	光伏	
2011	76 834	72.3%	23 298	1257	4623	212	27.7%
2012	81 968	71.5%	24 947	1257	6142	341	28.5%
2013	87 009	69.2%	28 044	1466	7652	1589	30.8%
2014	92 363	67.4%	30 486	2008	9657	2486	32.6%
2015	100 554	65.9%	31 954	2717	13 075	4318	34.1%
2016	106 094	64.3%	33 207	3364	14 747	7631	35.7%
2017	111 009	62.2%	34 377	3582	16 400	13 042	37.8%
2018	114 367	60.2%	35 226	4466	18 426	17 463	39.8%
2019	119 055	59.2%	35 640	4874	21 005	20 468	40.8%
2020	124 517	56.6%	37 016	4989	28 153	25 343	43.4%
2021	129 678	54.6%	39 092	5326	32 848	30 656	45.4%

另一方面，随着国民经济的持续稳定增长和科学技术的飞快进步，具有冲击性和随机性的大型随机负载大量投入使用，在提高生产效率和为人民生活提供便利的同时，对电能的准确计量也产生了重大影响。大型随机负载是指电压等级高、运行功率变化幅度大且变化快、电流随机波动性强的大型负载，在我国最普遍、影响最大的典型大型随机负载是炼钢电弧炉和电气化铁路牵引机车。电弧炉炼钢主要依靠电能，电弧炉用电在工业用电中的占比很大，2020 年中国电弧炉钢产量约 1.1 亿 t，冶炼 1t 钢铁的平均耗电量为 200kWh，每年电弧炉炼钢耗电量约为 220 亿 kWh。同时，随着中国城市化进程的不断推进和"一带一路"倡议的实施，电气化铁路运营里程数一路高升，截至 2020 年底中国电气化铁路运行总里程达 10.6 万 km，每年电气化铁路牵引供电耗电量约为 711 亿 kWh。然而，对于炼钢电弧炉和电气化铁路牵引机车这类以电能为主要能源供给，且用电量大、具有稳定增长趋势的大型负载，其负荷往往呈现出非线性、功率短时冲击、电流快速随机波动等特性，对电网中的电能计量环境造成极大影响。

随着太阳能、风能、生物质能等分布式电源的大规模利用和具有复杂特性的非线性电力设备广泛接入电网，电网的用电环境越发复杂，给电能计量的准确度造成严重影响，进而影响了电能计量的科学性和公正性。智能电能表作为智能电网建设与运行中电能计量的关键设备，提高电能表计量准确度是智能电网提升与完善阶段亟待解决的关键技术问题之一，也是一直以来研究的重点。国内外已有研究表明，动态负荷的随机波动特性会对电能计量误差造成较大影响，而且负荷往往具有某些随机分布特征。但负荷的随机特征研究尚不完善，负荷的随机特性对智能电能表的误差影响机理也尚不清楚。因此，建立动态负荷信号的模型，分析动态负荷的游程特性，研究电能表的计量结构，并将动态负荷的游程特性分析方法与结论应用到电能计量领域，对于测试和评价智能电能表，制定智能电能表计量相关国家标准的理论研究与实际应用都具有重要意义。

1.2 动态负荷模型的研究现状

以智能电网为代表的电力系统的发展程度和技术创新已经成为衡量各国经济发展和科技创新能力的重要标准之一。负荷是电力系统的一个重要组成部分，一直以来负荷建模都是研究电力系统的重点和热点，是实现负荷预测与电力系统设计规划，保证电力系统安全运行的重要基础。同时，随着电网中负荷特性的复杂化，电能表计量不准确的问题日益严重，用于电能表误差测试的动态负荷模型也逐渐得到电能计量领域专家和学者的关注与研究。

1.2.1 电力负荷模型的研究现状

电网中负荷自身具有时变随机性、成分多样性和不连续性等特点，使建立精确的负荷模型成为电力负荷领域公认的难题。但负荷模型对电力系统的潮流计算、暂态稳定性分析、安全可靠性分析和负荷预测与规划等都起着至关重要的作用，因此受到国内外学者的广泛关注。

电力负荷模型主要包括静态负荷模型和动态负荷模型。其中，静态负荷模型主要描述随着负荷端点频率和电压的变化，负荷有功功率和无功功率缓慢变化的静态特性，静态负荷模型主要用幂指数、插值函数和多项式来表示。1993 年，Vournas 采用小扰动分析法建立了负荷的静态幂函数模型，研究分析得出电压稳定问题与负荷的电压特性密切相关。2003 年，章健基于三次样条函数插值理论建立负荷三次样条函数静态负荷模型，该模型可以描述更复杂的负荷静态特性。2006 年，黄亚璇采用典型静态 ZIP 负荷多项式模型，分析了不同静态负荷的分配比例对电压稳定性的影响。综合上述静态负荷建模的研究，静态负荷模型适用于分析负荷稳态问题和以静态负荷为主要成分的用电负荷，如商业负荷和民用负荷。然而，随着动态负荷设备和非线性电力动态负荷设备的投入使用，电网中的负荷呈现出时变性和非线性的动态特性，难以采用传统的静态负荷模型进行描述，负荷特性动态模型的重要性因此被国内外学者广泛关注和认可。

动态模型主要描述随着负荷端点电压或系统频率变化、拓扑结构变化，负荷电流与功率快速变化的动态特性。动态负荷模型按照建模的原理分为基于元件结构的机理模型和基于系统辨识的非机理模型。机理模型主要是感应电动机负荷模型，学术界提出的感应电动机负荷模型主要有机械暂态、电压暂态、机电暂态、电磁暂态四种模型。1999 年，鞠萍从计算精度和应用场景等方面分析比较了一阶机械暂态模型、一阶电压暂态模型和三阶机电暂态模型。2008 年，J.Pedra 等人建立了异步电动机的电磁暂态模型，并拟合不同额定功率的电动机转矩—转速曲线。2018 年，张艳等人在常用的三阶机电暂态负荷模型基础上，提出了极坐标下的感应电动机三阶机电暂态仿真模型。2020 年，梁涛通过调研获得感应电动机的七类典型参数值，并补充了 IEEE 和国家电网公司推荐的电动机参数集。该类感应电动机模型在电力系统的稳定性分析中发挥着重要作用。上述感应电动机负荷模型和参数为电力系统动态计算和暂态稳定分析提供了基础。

非机理模型的本质是将负荷建模看成一个黑箱问题，不关注模型的内部机理，只描述其输入—输出关系。非机理模型的表现形式主要有微分方程、差分形式、回归方程和人工智能。1993 年，Chia-Jen Lin 根据在中国台湾电网中采集的动态负荷数据，建立了优于一阶传递函数模型的负荷二阶传递函数模型和三阶传递函数模型。2002 年，贺仁睦基于实际测量的广东电网动态负荷数据建立了解耦二阶差分负荷模型，结果表明该动态模型比静态负荷模型更真实地反映系统的动态过程。2011 年，郑晓雨基于统计学的逐步多元回归法建立负荷模型，并采用实测负荷验证了该建模方法的有效性。2016 年，廖延涛等人建立了交流电弧炉微分方程模型，分别用于电能质量预测。2018 年，彭虹桥建立了一种基于非参数组合回归的长期负荷预测模型。除以上负荷模型外，还包括采用支持向量机、模糊序列、人工神经网络等人工智能方法建立短期、中期或长期负荷预测模型。这些非机理负荷模型已经较好地应用于短期和中长期的负荷预测、电力调度与规划、改善电能质量等方面。

综合上述两类负荷模型，基于元件结构的机理模型给出了负荷装置的功率与输入电压、电流、频率之间的关系，是一种确定函数模型。基于系统辨识的非机理模型是一种功率随机变化的模型，在日、月和年时间循环周期内，反映了在固定时间间隔（如15min等）内负荷功率的随机波动特性。然而，针对电能表动态误差测试，在动态负荷信号模型中，电压模型是稳态确定函数模型，电流模型是动态随机函数模型。该电流模型在负荷信号循环周期内（通常为20～40min），需要反映负荷电流在每个工频周期（即20ms）上的随机波动特性。显然，已提出的机理模型和基于量测数据的模型，不能反映负荷电流在每个工频周期上的随机波动特性，不适用于测试电能表的动态误差。

1.2.2 电能表动态误差测试信号模型的研究现状

近年来，随着电能计量不准确问题的日益突出，用于电能表动态误差测试的动态负荷信号模型已经引起国内外学者的高度重视，研究方法主要分为以下两类：

（1）电力系统现场采集动态信号样本的方法。该方法采集某一类负荷随机信号，选取一个信号样本作为动态负荷信号模型，在实验室中通过信号合成的方法，循环产生现场动态负荷电压与电流信号，测试电能表的动态误差。

（2）采集多种电力负荷信号样本的方法。该方法通过采集多类负荷电压与电流信号样本，建立负荷信号样本数据库，通过选定几个信号样本作为随机负荷信号模型，在实验室用信号合成装置合成动态信号，测试电能表的动态误差。

上述建模与测试方法，等效于将电能表放在实际电力系统中测试误差，是一种直接的误差测试方法。然而，由于负荷本身具有多样性，上述现场采集动态信号样本建模的方法，本质上是采用一个或几个信号样本代替随机波动的动态负荷随机信号，样本数量少，且采用随机信号幅度作为动态测试信号模型的特性参数不能同时反映动态负荷信号的总体统计特征与局部特征。更重要的是，至今还缺少关于负荷幅度模型的具体特征指标参数。这导致无法弄清动态负荷的快速随机波动对电能表计量误差影响的来源，从而无法解决电能表动态测试信号建模问题。因此，提出动态负荷信号的游程特性分析方法，确定游程特征指标参数，分析负荷信号的幅度随机特性与游程随机特性之间的联系，建立能反映负荷随机波动性的动态误差测试信号模型，解决在实验室环境下进行智能电能表动态误差测试的问题，是目前该领域研究人员面临的测试理论与技术难题。

1.3 电力负荷特性分析的研究现状

随着工业进程的加快和电力系统的快速发展，电力系统呈现出架构复杂化、能源发电多元化、负荷成分多样化的特点，尤其是在电力系统中占比很大的电气化铁路和电弧炉等动态负荷往往具有复杂的随机波动性和冲击特性，给电力系统带来电压波动与闪变、谐波污染、三相不平衡等问题。对此，国内外学者重点研究了电气化铁路和电弧炉的负荷特性，并取得了一系列的研究成果，对电能质量的研究和治理提供了极大的理论支持和应用启发。

1.3.1 交流电弧炉负荷特性

在现代工业生产领域中，交流炼钢电弧炉是以废钢为原料，利用电极和炉料之间产生的电弧将电能转化为热能，熔化炉料并冶炼钢材的重要机械设备。交流炼钢电弧炉的冶炼周期可分为熔化期、氧化期、还原期、出钢和加料间歇期。其中，熔化期对电能质量的影响最大，熔化期主要在空载和短路两种状态切换，短路电流的变化非常迅速，每个周波甚至每半个周波都不一样，熔化的初期和不稳定的阶段，电流大小变化快速并无规律可循，使得动态负荷电流表现出强随机性。交流炼钢电弧炉的冶炼是一种重复性生产活动，使得动态负荷电流表现出周期性。加料间歇期动态负荷电流表现出间歇性。

针对电弧炉的工作原理，2004 年，刘小河给出了电弧炉系统在不同功率因数时的电压波形及频谱分析结果，分析了电弧非线性与电压波动之间的关系。2006 年，刘小河将三相电弧炉简化为单相，采用频域分析方法分别计算电弧炉主电路、注入电网和流过电容器的谐波，分析表明谐波大小与谐波阻抗、电压波形和功率因数等有关。2007年，杨文华在电弧炉实测数据的基础上，采用统计技术和分段线性化方法得出和模拟电弧伏安特性曲线及相关参数，并得出随机谐波电流的分布函数。2012 年，张恺伦结合电弧热学原理和负荷波动特性，建立了电弧炉的三相综合模型，用以同时反映电弧炉的谐波、电压波动和三相不平衡的特性。2013 年，张峰基于电弧炉电流和电压的谐波模型，综合电弧炉电阻模型和能量关系推导电弧炉电阻随时间变化的关系，并基于MATLAB 软件仿真来反映实际的谐波状况。2020 年，王琰结合以能量守恒为基础的确定性电弧模型与弧长的变化规则，模拟电弧的随机性，建立电压波动模型，并通过仿真与现场测试数据对比分析电弧的电压波动问题。

上述电弧炉特性研究成果，主要分析了电弧炉的电压波动特性、谐波特性和三相不平衡特性及其对电能质量的影响，解决了抑制电压波动和谐波补偿等电能质量治理问题。

1.3.2 电气化铁路牵引负荷特性

在公共交通领域中，电气化铁路因具有运行速度快、运输量大、舒适环保等特点而得到极大的重视和发展。牵引机车在电气化铁路上运行时，需要依靠附近由牵引变电站和接触网构成的牵引供电系统不间断地供电。牵引变电站将高压输电线输送来的110kV 或 220kV 的三相交流电变换成适合牵引机车的 25kV 单相交流电后，输送到附近铁路的接触网上，向铁路机车提供牵引电源。与传统电力机车相比，目前牵引机车谐波问题有所缓解，但依旧使用了大量整流器，也就不可避免地会产生一定的谐波。同时，由于牵引负荷功率大且采取单相供电方式，会产生负序电流从而导致三相不平衡，并伴有电压波动。

针对电气化铁路牵引负荷的特点，2005 年，解绍峰基于大量牵引负荷实测数据，分析谐波电流的分布特征，并采用最佳平方逼近法对谐波电流的概率密度函数进行拟合，建立牵引负荷谐波电流的分布模型，对分析和研究电气化铁路牵引负荷的谐波特性具有重要的参考价值。2012 年，赵闻蕾等人采用最小描述长度规则确定小波函数，基于 MATLAB 和小波变换对电气化铁路进行谐波电流分析。2013 年，白建海通过实测牵引负荷受电能质量影响的数据，建立牵引供电系统元件和动态无功补偿仿真模型，分析牵引负荷的谐波特性与三相不平衡性，提出合理可行的电能质量改善方案。2017 年，张桂南通过分析多车接入时牵引变电站的电压数据，分解提取多分量信号的幅度和频率分量，得到负荷的电压波动特征，可有效估计负荷电压信号的幅度和频率。2018 年，Feng W 结合希尔伯特—黄的端点抑制效应和模态混叠问题，提出了一种改进的希尔伯特—黄方法来对牵引负荷的高频谐波进行分析与检测。2019 年，Che Yulong 等人对扩散核密度估计法进行改进以使其有效兼顾最佳带宽选择和边界校正，并基于实测负荷数据建立牵引负荷的概率分布，该方法适用于不同的牵引负荷。

上述电气化铁路牵引负荷特性分析的研究成果，主要分析了负荷电压和谐波特性对电力系统的影响，旨在改善电网的电能质量。

上述电弧炉和电气化铁路牵引负荷两类负荷的特性分析主要采用时域和频域分析方法，提取多分量信号的幅度和频率分量，分析负荷的电压波动特性对电力系统电能质量的影响。采用小波变换和希尔伯特变换分析负荷电流的谐波特性，并通过谐波补偿减小谐波污染，改善电网环境。但是，由于动态负荷电流信号的大范围随机波动性，会对电能表电能计量的准确度产生影响，而关于负荷电流随机波动的特性至今尚不清楚，也没有相关特征指标。因此，研究分析负荷电流随机波动特性及其对智能电能表电能计量的影响是电能计量领域面临的新问题。

1.4   电能表计量模型的研究现状

电能表的发展经历了感应式电能表、电子式电能表、多功能电能表和智能电能表等阶段。随着电网中负荷特性的复杂化，对电能表电能计量准确度的要求越来越高，电能表计量系统的数学模型和电能表动态误差测试相关问题引起了国内外学者的广泛重视。

2004 年，林盾提出基于谐波分析理论的加权插值 FFT 算法的电能计量模型，消除谐波对电能计量误差的影响。2018 年，王艳君建立了数字电能计量系统的结构化模型，采用功率谱密度法和自相关函数法，分析了同步和非同步采样下电能计量的量化误差的来源和影响。2018 年，李金瑾基于电子式电能表互感器的模数转换机理，研究互感器采样频率对电能计量误差的影响，研究结果表明电能表计量误差随采样频率的增加而逐渐缓慢减小。2020 年，杜辉分析了电能计量装置在运行工况下电能表、互感器、互感器二次回路 3 个模块的误差产生机理，并推导出数学模型，分析电能计量误差影响因素。

　　上述研究建立的电能计量装置模型，分别用于分析电能表互感器误差产生机理和电能表量化误差的产生机理，以及采样频率和谐波等因素对电能表计量误差的影响，对电能表计量系统的数学建模和误差来源分析具有积极的现实意义。目前，虽然已有少量分析负荷电流随机波动特性对电能表误差的影响的结果，但是，仍缺少负荷电流随机波动特性影响电能表误差的深入系统研究结果。研究发现，负荷的随机波动特性不仅表现在幅度的随机波动上，同时也表现在负荷游程的随机波动上，而关于负荷的游程特性分析，至今几乎没有相关的研究。因此，研究负荷的游程随机特性，并将其应用于电能表计量误差的影响分析，对电能计量测试具有重要的意义和推动作用。

第2章

典型电力动态负荷信号的预处理与波形特性分析

随着交流炼钢电弧炉和电气化铁路牵引机车等高电压、大功率动态负荷设备广泛接入电网，电网中的动态负荷信号的特性日趋复杂，尤其呈现出负荷功率和电流快速强随机性、大范围波动性和快速时变性，使电能表出现较大的误差。因此，研究动态负荷电压与电流信号的随机特性是分析电能表误差产生原因和测试电能表误差的关键与前提。

本章给出了关于动态负荷与电能表误差测试的相关定义；介绍了分布式光伏电源、电弧炉、电气化铁路和轧钢机四种动态负荷瞬时信号的现场采集；并针对交流炼钢电弧炉与电气化铁路牵引机车两类典型动态负荷瞬时电压信号和瞬时电流进行预处理，提取其基波包络信号，分析负荷瞬时信号和基波包络信号的波动特性和循环特性。

2.1 电力动态负荷的相关定义

本书涉及动态负荷信号及其循环周期特性和随机波动特性、智能电能表动态误差和影响误差的动态负荷特性，下面给出本书中一些术语的定义。

1. 动态负荷

动态负荷是指在生产或运行中，从电网中周期性或随机性取用快速变化功率的用电负荷，或光伏或风电新能源输出的快速变化供电负荷。

2. 大动态负荷

大动态负荷是指电流幅度或有功功率大范围变化的动态负荷。大动态负荷是动态负荷的一种，分为循环周期性和随机性动态负荷两类。

3. 冲击负荷

冲击负荷是指短时间内从电网中取用很大功率的用电负荷。冲击负荷是大动态负荷的一种，取用很大功率的时间称为冲击时间，冲击负荷功率峰值可以是冲击时间前后功率平均值的几倍甚至十几倍。

4. 动态负荷电能计量信号

动态负荷电能计量信号是测量 TV（电压互感器）的输出电压和 TA（电流互感器）的输出电流信号的总称。当电压和电流信号具有较大的畸变时，也称为非线性动态负荷电能计量信号，简称为非线性电力动态负荷信号。

5. 动态负荷电能计量信号的循环周期特性

动态负荷电能计量信号在较长一段时间内，某些特征按一定时间周期重复出现，表现为动态负荷信号的幅度随时间呈周期变化的特性，这种特性称为动态负荷信号的循环周期特性。动态负荷电能计量信号简称为电力动态负荷信号。

6. 动态负荷信号的快速随机波动特性

动态负荷信号幅度包络在 5s 时间内，包含局部幅度峰值到局部幅度谷值之间的波动程度，表现为动态负荷信号的幅度随时间随机变化的特性，这种特性称为动态负荷信号的快速随机波动特性。

7. 电能表的动态误差

动态负荷电流信号在随机大范围和快速波动条件下导致的电能表误差称为电能表的动态误差。

8. 影响电能表动态误差的动态负荷特性

在电力动态负荷设备（单个或多个设备）运行的循环周期内，动态负荷在电网公共连接点处的负荷电流、有功功率（无功功率）随着工频周期随机变化的特征称为影响电能表动态误差的动态负荷特性。

2.2 典型电力动态负荷信号的采集

2.2.1 现场信号采集设备

现场负荷信号采集使用日置（HIOKI）公司的 MR8875-30 存储记录仪，其最高采样频率达 500kHz，同时采集电压和电流信号时具有相位同步功能，能精确测量电压、电流各次谐波的幅值与相位，用于后期的特性分析。MR8875-30 用于现场采集时，通过外接电压探头 9322 进行电力负荷电压数据的采集，通过钳式电流互感器 TA9692 进行负荷电流数据的采集，各设备如图 2-1 所示。负荷电压和电流的数据以 MEM 格式存储到 SD 卡中。

2.2.2 现场信号采集接线图

进行负荷信号采集时，现场的电能计量点有三相四线制和三相三线制两种接线方式，对应的信号采集接线图如图 2-2 和图 2-3 所示，图中黑色方块表示钳式电流互感器 TA9692。

MR8875-30

TA9692

9322

图 2-1　三相四线制计量点信号采集接线图

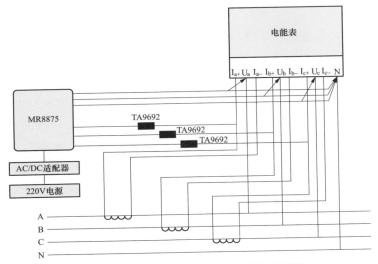

图 2-2　三相四线制计量点信号采集接线图

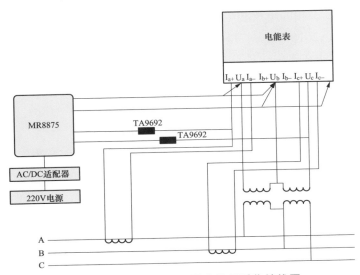

图 2-3　三相三线制计量点信号采集接线图

2.2.3 现场信号采集点

现场信号采集点说明如下：

（1）分布式光伏电源：分布式光伏电源电压、电流信号的采集工作在系统逆变器之后进行。采集数据包括 A、B、C 三相的电压和电流，数据时长为 44min24s，数据大小为 5.95GB。

（2）电弧炉：河北省秦皇岛某公司 1 号站电弧炉电压、电流信号的采集工作在电弧炉电压互感器及电流互感器的二次侧进行。采集数据包括 A、C 两相的电压和电流，数据时长为 50min，数据大小为 1.66GB。

（3）轧钢机：河北省秦皇岛某公司 2 号站轧钢机电压、电流信号的采集工作在轧钢机电压互感器及电流互感器的二次侧进行。采集数据包括 A、C 两相的电压和电流，数据时长为 46min，数据大小为 3.50GB。

（4）电气化铁路 1：2015 年 10 月 22 日，河北山海关牵引变电站电气化铁路电压、电流信号的采集工作在电气化铁路电压互感器及电流互感器的二次侧进行。采集数据包括 A、B、C 三相的电压和电流，数据时长为 106min，数据大小为 3.88GB。

（5）电气化铁路 2：秦北牵引变电站电气化铁路电压、电流信号的采集工作在电气化铁路电压互感器及电流互感器的二次侧进行。采集数据包括 A 相的电压和电流，数据时长为 64.3min，数据大小为 7.2GB。

（6）电气化铁路 3：2016 年 3 月 28 日下午，河北山海关牵引变电站电气化铁路电压、电流信号的采集工作在电气化铁路电压互感器及电流互感器的二次侧进行。采集数据包括 A、B、C 三相的电压和电流，数据时长为 55min，数据大小为 7.2GB。

（7）电气化铁路 4：2016 年 3 月 29 日上午，河北山海关牵引变电站电气化铁路电压、电流信号的采集工作在电气化铁路电压互感器、电流互感器的二次侧进行。采集数据包括 A、B、C 三相的电压和电流，数据时长为 55min，数据大小为 7.2GB。

电气化铁路 5：2016 年 3 月 30 日上午，河北山海关牵引变电站电气化铁路电压、电流信号的采集工作在电气化铁路电压互感器及电流互感器的二次侧进行。采集数据包括 A、B、C 三相的电压和电流，数据时长为 220min，数据大小为 7.2GB。

2.3 典型电力动态负荷信号的预处理

2.3.1 电力动态负荷信号的数学表示

根据概率论和随机信号分析中随机过程的基础理论，设电网中动态负荷信号的样本空间 $\mathbb{S}=\{s_i\}$，时间的样本空间 $\mathbb{T}=\{t_i'\}$，对于空间中的每一个样本 $s_i \in \mathbb{S}$，都有一个确定的时间函数 $x(t_i', s_i)$ 与之一一对应；对于随机样本空间中的所有样本 $s \in S$，有一个时间函数族 $X(t', s)$ 与之对应，则可认为实际动态负荷信号为一个随机过程。随机过程是以时间为参变量的随机函数族，现场采集的动态负荷信号是随机过程中的一个确定的时间样本函数 $x(t')$，$t' \in \mathbb{R}^+$，可认为是以 50kHz 的采样率对随机过程在时间上等间隔采样而得到的随机序列 $x(t)$，$t \in \mathbb{N}^+$。

假设在实际电网中，动态负荷电压和电流信号的额定频率为 f_0，谐波次数为 m。由于输配电系统中电力变压器的工作机理，导致电网中存在谐波。实际电网中动态负荷电压或电流信号可表示为

$$x(t') = \sum_{l=1}^{\infty} A_l(t') \sin(2\pi m f_0 t' + \varphi_l) \qquad (2-1)$$

式中：$x(t')$ 为连续时间动态负荷电压或电流信号；$A_l(t')$ 表示电压或电流信号的第 l 次谐波分量的幅值，它是随时间变化的函数；$\omega = 2\pi f_0$ 表示负荷信号的角频率；φ_l 表示负荷电压或电流信号的第 l 次谐波的相位。

对上述实际电网中的动态负荷信号，以同步采样的方式进行现场采集，采样率为 $f_s = 50\,\mathrm{Hz}$，则得到离散时间的采样信号 $x(t), t \in \mathbb{N}^+$，可表示为

$$x(t) = \sum_{l=1}^{\infty} A_l(t) \sin\left\{2\pi m (f_0/f_s) t + \varphi_l\right\} \qquad (2-2)$$

式中：$t = 1/f_s$ 表示负荷信号的采样周期；f_s 表示负荷信号的采样频率；$l = 1$ 时，$x_1(t) = A(t)\sin(2\pi f_0 t + \varphi)$ 表示动态负荷电压或电流信号的基波分量。

2.3.2 电力动态负荷信号的预处理方法

实际电网中动态负荷信号的复杂随机波动特性，使得实验室静态环境下已检定合格的电能表在稳态条件下电能计量误差往往很小，而在动态条件下有时会产生较大的电能计量误差。GB/T 14549—1993《电能质量　公用电网谐波》规定，负荷公共连接点处电压总谐波畸变率不超过 5%，从误差测试的角度看，谐波的累计电能相对基波的累计电能占比很小，对电能表计量误差的影响有限。在动态条件下，负荷电流信号基波的随机特性仍是影响电能表产生计量误差的主要因素。所以，针对现场采集的动态负荷电压和电流信号进行预处理，提取其基波分量的幅度信号，其作用是为了忽略负荷信号谐波对电能表计量误差的次要影响，以便于重点分析动态负荷电流信号和电压信号基波分量的随机波动特性对电能表计量误差的影响。

现场采集的大功率动态负荷信号往往是时变的非平稳随机信号，而传统的基于傅里叶变换提取信号基波的方法，其基函数是复正弦，无法同时反映负荷的时域和频域的局部信息，不适于非平稳随机信号。所以，本书采用基于傅里叶变换所提出的短时傅里叶变换（short-time fourier transform，STFT）方法，即通过窗函数在时间轴上的滑动对信号截短，以实现时频定位功能，从而提取负荷电流信号和电压信号的基波分量。

对于现场采集的有限长离散时间动态负荷信号 $x(t), t \in \mathbb{N}^+$，在数字信号处理中，频率 ω_s 应离散化为 $\omega_k = 2\pi l/M, k = 0, 1, \cdots M - 1$。此时，时间和频率都是离散的，离散短时

傅里叶变换的表达式如下

$$\text{STFT}_x(M,\omega_k) = \sum_t x(t)g^*(t-n'L')\,\mathrm{e}^{-\mathrm{j}\frac{2\pi}{M}lt} = \sum_t^{L'-1} x(t)g^*(t-n'L')W_M^{lt} : W_M = \mathrm{e}^{-\mathrm{j}\frac{2\pi}{M}} \quad (2-3)$$

式中：$\omega_k = 2\pi l/M, l = 0,1,\cdots,M-1$；$g^*(t)$ 是离散窗函数；L' 是窗函数沿时间轴移动的步长，本书中 L' 的取值为 1；n' 为截取次数，即基波信号的离散时间。

式（2-3）表示对有限长离散时间信号进行截短后，再进行离散傅里叶变换。

为了更准确地提取负荷信号的基波分量，要使窗函数的能量主要集中在主瓣，旁瓣衰减很快，所以选择布莱克曼（Blackman）窗对负荷信号进行短时傅里叶变换，Blackman 窗的长度为 M'。该窗函数的时域表达式为

$$g(t) = \left[0.42 - 0.5\cos\left(\frac{2\pi t}{M'-1}\right) + 0.8\cos\left(\frac{2\pi t}{M'-1}\right)\right]R_{M'}(t) \quad (2-4)$$

设 Blackman 窗截短后的负荷信号为 $x_{n'}(t)$，首先对 $x(t)$ 进行截短得到 $x_{n'}(t)$

$$x_{n'}(t) = x(t)g(t-n'L') \quad (2-5)$$

然后，对截短负荷信号 $x_{n'}(t)$ 进行离散傅里叶变换（discrete fourier transform，DFT）得到 $X_{n'}(k)$

$$\text{DFT}[x_{n'}(t)] = \sum_{t=0}^{M-1} x_{n'}(t)\mathrm{e}^{-\mathrm{j}\frac{2\pi}{M}l} = \left[X_{n'}(0), X_{n'}(1), \cdots, X_{n'}(l)\right] \quad (2-6)$$

从而，现场采集得到的离散时间动态负荷信号的快速傅里叶变换表示为

$$\text{STFT}_x(n',l) = \begin{bmatrix} \text{STFT}_x(1,l) \\ \text{STFT}_x(2,l) \\ \vdots \\ \text{STFT}_x(n',l) \end{bmatrix} = \begin{bmatrix} X_1(0) & X_1(1) & \cdots & X_1(l) \\ X_2(0) & X_2(1) & \cdots & X_2(l) \\ \vdots & \vdots & \ddots & \vdots \\ X_{n'}(0) & X_{n'}(1) & \cdots & X_{n'}(l) \end{bmatrix} \quad (2-7)$$

当 $l=0$ 时，$X_{n'}(1)$ 代表动态负荷信号的直流分量；当 $l=1$ 时，$X_{n'}(1)$ 代表动态负荷信号的基波，设第 n' 次 DFT 的基波频率值为 $f_{1,n'}$，截短负荷信号 $x_{n'}(t)$ 的频率谱最大值对应的点就是第 n' 段截短负荷信号的基波频率 $f_{1,n'}$

$$f_{1,n'} = \max\left\{|X_{n'}(1)|, |X_{n'}(2)|, \cdots, |X_{n'}(l+1)|\right\} \quad (2-8)$$

对第 n' 段截短负荷信号的 DFT 结果进行求模运算，得到基波频率对应的幅值

$$A_1(n') = \left\{|X_1(1)|, |X_2(1)|, \cdots, |X_{n'}(1)|\right\} \quad (2-9)$$

我国工频交流电的频率为 50Hz，即工频周期为 0.02s，设动态负荷的基波信号在每个工频周期上的幅值为 $A_1(n)$，在式（2-9）的基础上，在每个工频周期内基波信号幅度的取最大值。据此每个工频周期 $[(n-1)T \leqslant n' \leqslant nT]$ 内，动态负荷基波包络信号的表达式为

$$A_1(n) = \left\|A_1(n')\right\|_{[(n-1)T \leqslant n' \leqslant nT]} = \max_{[(n-1)T \leqslant n' \leqslant nT]} \left|A_1(n')\right| \quad (2-10)$$

式中：$\|A_1(n')\|$ 表示负荷基波分量 $\tilde{X}_1(t)$ 的幅度 $\tilde{A}_1(t)$ 在第 n 个工频周期内绝对值的最大值，$T=0.02\mathrm{s}$ 表示信号的工频周期。

2.3.3　数据预处理的实现

MR8875 - 30 采集的电压、电流数据以 MEM 格式存储到 MR8875 - 30 存储记录仪的 SD 卡中。采集的数据首先经过数据格式转换的预处理，然后再进行数据分析处理，得出需要的分析结果。实际数据格式转换的预处理方法如图 2 - 4 所示。

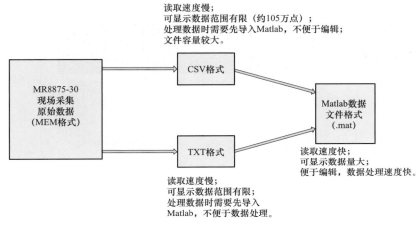

图 2 - 4　实际数据预处理方法

2.4　电力动态负荷信号的波形特性分析

本节针对现场采集的交流电弧炉和电气化铁路牵引机车的 A 相瞬时电压和瞬时电流信号，采用 2.3 节介绍的动态负荷信号预处理方法，基于 MATLAB 平台编写程序进行处理与分析。通过分析动态负荷的瞬时电压和瞬时电流信号波形、基波包络电压和基波包络电流信号波形，分析动态负荷电压与电流信号的波动性和循环特性。

2.4.1　交流炼钢电弧炉的波形特性

现场采集的交流炼钢电弧炉在熔化期的 A 相瞬时电压信号和瞬时电流信号如图 2 - 5 所示，采用 2.3 节介绍的基波包络提取方法，对现场采集的 A 相交流炼钢电弧炉瞬时信号进行信号预处理，得到其电流和电压的基波包络信号，如图 2 - 6 所示。

根据图 2 - 5 和图 2 - 6 可以得出交流炼钢电弧炉具有如下负荷特性：

（1）交流炼钢电弧炉在冶炼钢铁的熔化期是依靠电极和炉料按一定时间规律上下运动产生热量，所以交流炼钢电弧炉动态负荷具有循环周期性，其在熔化期电极升降运动的周期约为 10min。

（2）交流炼钢电弧炉的电压基波包络信号在标幺值附近的波动范围为 6%～8%，

随时间缓慢小范围波动，具有近似稳态的特性。

（3）交流炼钢电弧炉的电流基波信号在标幺值附近的波动范围为0～99%，随时间快速大范围波动。同时，其电流基波信号幅度在一个工频周期内的变化很小，而在不同工频周期之间变化很大，具有显著的快速随机波动特性。

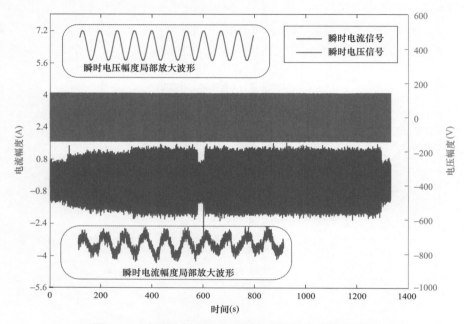

图2-5　交流炼钢电弧炉的瞬时电流和电压信号波形

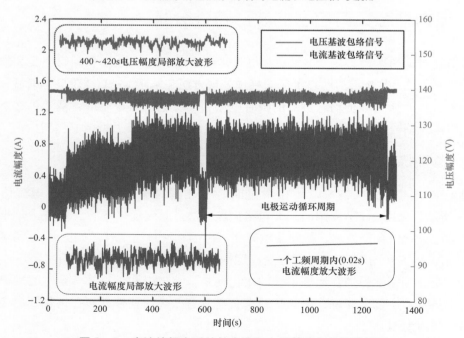

图2-6　交流炼钢电弧炉的电流和电压基波包络信号波形

2.4.2　电气化铁路牵引机车的波形特性

电气化铁路牵引机车的牵引负荷功率大，同时受线路环境和信号指令的影响，需要在各种运行状态下切换，快速改变运行速度，导致机车电流在很短的时间内在零和满负载之间变化，使牵引负荷具有很强的随机性和冲击性。现场采集的电气化铁路牵引机车的 A 相瞬时电压信号和瞬时电流信号如图 2-7 所示，采用 2.3 节介绍的基波分量提取方法和包络提取方法，对现场采集的 A 相电气化铁路机车瞬时信号进行信号预处理，得到电流和电压的基波包络信号如图 2-8 所示。

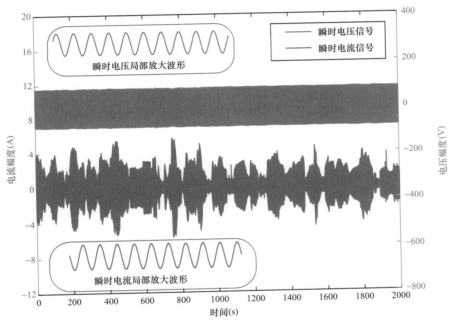

图 2-7　电气化铁路牵引机车的瞬时电流和电压信号波形

根据图 2-7 和图 2-8 可以得出电气化铁路牵引机车具有如下负荷特性：

（1）由于电气化铁路牵引机车按照一定的时间安排通过牵引变电站，所以电气化铁路牵引机车动态负荷具有准循环周期性。

（2）电气化铁路牵引机车的电压信号在标幺值附近的波动范围为 2%~4%，随时间缓慢小范围波动，具有近似稳态的特性。

（3）交流炼钢电弧炉的电流信号在标幺值附近的波动范围为 0~98%，随时间快速大范围波动。同时，其电流基波信号在一个工频周期内的变化很小，而在不同工频周期之间变化很大，具有显著的快速随机波动特性。

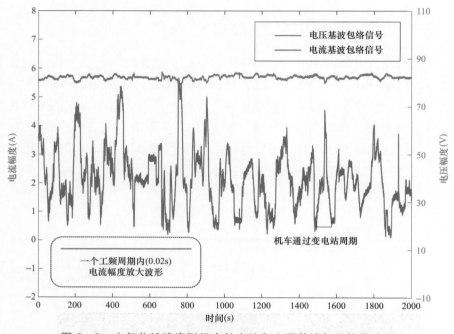

图 2-8　电气化铁路牵引机车的电流和电压基波包络信号波形

2.4.3　典型电力动态负荷信号的波形特性总结

通过对现场采集的交流炼钢电弧炉和电气化铁路牵引机车的信号进行基波提取和包络提取，得到两类典型负荷信号的电压和电流基波包络信号波形图，如图 2-5～图 2-8 所示。从对电能表动态误差测试影响的角度出发，动态负荷信号具有如下特性：

（1）从误差测试的角度看，谐波功率累计的电能相对于基波功率累计的电能占比很小，对电能表计量误差影响很小。在动态条件下，负荷电流信号基波的随机特性仍是影响电能表计量误差的主要因素。

（2）由于人们的生活与生产具有一定的时间规律，交流炼钢电弧炉和电气化铁路牵引机车这类大功率动态负荷设备在正常工作过程中，负荷电流信号随时间快速随机波动且往往呈现一定的周期循环性。从电能表误差测试的角度看，负荷电流信号的周期成分随时间变化趋势缓慢，对电能计量的误差影响很小，是影响电能表动态误差的次要因素。

（3）动态负荷的电压信号在标幺值附近波动范围较小，具有稳态特性。从电能表误差测试的角度看，电压的小范围波动对误差的影响很小，可忽略不计。为了简化误差测试信号的模型，可认为电压信号近似为稳态信号。

（4）动态负荷的电流信号在标幺值附近波动范围较大，具有显著的快速随机波动特性。

电力动态负荷信号建模方法

从第 2 章的动态负荷信号预处理分析中可知，在实际中，交流炼钢电弧炉与电气化铁路牵引机车等典型动态负荷是连续工作且具有随机波动性的负荷。从科学问题的角度出发，游程理论是数学领域中描述具有持续性随机事件的统计特性的重要概念。研究分析动态负荷的游程特性，对动态测试信号模型参数的确定、电能表动态误差测试分析和电能表计量国家标准的制定具有重要作用。

本章首先建立电力动态负荷信号的双模态调制模型和函数序列模型；其次，提取电流信号的幅度随机特征量和游程随机特征量；再次，采用相关性分析法，分析负荷电流信号的二元游程序列的滤波信号与幅度特征量的关系；最后，基于现场采集的动态负荷电流信号波形数据，采用游程特性分析方法，对负荷电流信号的幅度和游程的随机特征指标进行对比分析。

3.1 电力动态负荷信号的调制模型

3.1.1 电力动态负荷离散信号的调制模型

针对交流炼钢电弧炉与电气化铁路牵引机车等典型动态负荷，采用高速采样装置，在 30~50min 的负荷运行周期内，现场连续高速采集负荷正常工作状态下的三相瞬时电压与瞬时电流信号波形数据。设 t 为采样时间点，在正实数集 $\mathbb{R}^+$ 上取值，采集的负荷波形数据针对电网中连续时间随机信号 $X(t') = \{x(t')\}$，（t' 表示连续时间变量，以 $f_s = 50\text{kHz}$ 的采样率，即 $T_s = 1/f_s = 2\mu s$ 的采样时间间隔），采样而得到一个离散随机样本序列 $X(t) = \{x(t)\}$，其中 $\{x(t) = x(t)_{t=t'T_s}, t' \in \mathbb{R}^+\}$，$t = t'T_s$ 表示离散时间变量。所以，根据随机过程理论，建立动态负荷信号的离散时间调制模型

$$\tilde{X}(t) = \tilde{A}(t)s(t) = \tilde{A}(t)\sum_{l=1}^{L_k} S_{k,l} \sin(\omega_l t + \varphi_{k,l}) \qquad (3-1)$$

式中："$\sim$"表示随机信号，$s(t)$ 是由单个或多个正弦信号组成的确定信号，作为随时

间波动的观察信号；$S_{k,l}$、ω_l、$\varphi_{k,l}$ 分别为稳基波或谐波分量的幅值、角频率和相位，下标 k 表示负荷信号的 A、B、C 三相，下标 l 表示负荷信号的基波（$l=1$ 时）或 l 次谐波。

$\tilde{A}(t)$ 是调制信号，作为非平稳随机幅度信号；式（3−1）具有明确的物理意义：$s(t)$ 反映负荷信号的平稳性，$\tilde{A}(t)$ 反映负荷的随机波动特性。

经过研究发现，动态负荷电流信号的幅度同时包含随时间呈周期趋势缓慢变换和随时间快速随机波动的双重变化特征，于是将电流幅度信号 $\tilde{A}(t)$ 表示为周期趋势模态和随机快速波动模态之和，即

$$\tilde{A}(t) = \tilde{m}(t) + \tilde{v}(t) \tag{3−2}$$

式中：$\tilde{m}(t)$ 表示动态负荷信号的幅度在一段持续时间内（分钟级时间尺度）缓慢循环变化的周期趋势项；$\tilde{v}(t)$ 表示动态负荷信号的幅度在每个工频周期（毫秒级时间尺度）快速随机变化的随机动态项。

3.1.2　动态负荷信号的函数序列调制模型

考虑到实际的动态负荷信号均是因果信号，则时间变量 t 的取值区间为 $t \in [0,(L+1)T]$，其中，$L \in \mathbb{N}$，L 为动态负荷信号长度；$T = 0.02\mathrm{s}$，为工频周期。在每个子区间 $[nT,(n+1)T]$ 上，采用矩形窗函数 $g(t-nT)$ 对式（3−1）中的动态负荷信号的双特征调制模型进行截短，矩形窗函数 $g(t-nT)$ 表示为

$$g(t-nT) = \begin{cases} 1 & nT \leqslant t < (n+1)T, \ n \in \mathbb{N} \\ 0 & \text{其他} \end{cases} \tag{3−3}$$

从而得到动态负荷电压信号和电流信号的随机函数序列

$$\begin{aligned}
\tilde{i}_k(t,n) &= \tilde{i}_k(t)g(t-nT) \\
&= \tilde{A}_k^i(t) \sum_{l=1}^{L_k^i} I_{k,l} \sin(\omega_l t + \varphi_{k,l}^i) g(t-nT) \\
&= [\tilde{m}_k^i(t) + \tilde{v}_k^i(t)] \sum_{l=1}^{L_k^i} I_{k,l} \sin(\omega_l t + \varphi_{k,l}^i) g(t-nT)
\end{aligned} \tag{3−4}$$

$$\begin{aligned}
\tilde{u}_k(t,n) &= \tilde{u}_k(t)g(t-nT) \\
&= \tilde{A}_k^u(t) \sum_{l=1}^{L_k^u} U_{k,l} \sin(\omega_l' + \varphi_{k,l}^u) g(t-nT) \\
&= [\tilde{m}_k^u(t) + \tilde{v}_k^u(t)] \sum_{l=1}^{L_k^u} U_{k,l} \sin(\omega_l' + \varphi_{k,l}^u) g(t-nT)
\end{aligned} \tag{3−5}$$

在式（3−4）和式（3−5）中，动态负荷电流信号的周期趋势项和随机动态项的随机函数序列分别表示为

$$\begin{aligned}
\tilde{i}_k^m(t,n) &= \tilde{m}_k^i(t) \sum_{l=1}^{L_k^i} I_{k,l} \sin(\omega_l t + \varphi_{k,l}^i) g(t-nT) \\
&= \tilde{m}_k^i(t,n) i_k^s(t,n)
\end{aligned} \tag{3−6}$$

$$\tilde{i}_k^v(t,n) = \tilde{v}_k^i(t)\sum_{l=1}^{L_k^i} I_{k,l}\sin(\omega_l t + \varphi_{k,l}^i)g(t-nT) \tag{3-7}$$

$$= \tilde{v}_k^i(t,n)i_k^s(t,n)$$

该模型用于进一步建立电力动态负荷信号的二元游程函数序列模型，提取动态负荷信号的幅度随机特征参量和游程随机特征参量。

3.2 电力动态负荷电流信号的特征参量

动态负荷电流信号随机动态项的随机波动特性主要体现为幅度的随机波动特性和游程的随机波动特性。因此，本节针对非平稳的动态负荷瞬时电流信号，基于电流信号的离散函数序列模型，提取电流信号的幅度随机特征参量和游程随机特征参量。

3.2.1 负荷电流信号的幅度随机特征参量

在式（3-6）和式（3-7）动态负荷电流信号的函数序列模型基础上，针对电流幅度信号的周期趋势项 $\tilde{m}_k^i(t,n)$ 和随机动态项 $\tilde{v}_k^i(t,n)$，采用最大值包络提取法，在幅度信号函数序列的变量 t 的第 n 个子区间 $[nT,(n+1)T]:n=0,1\cdots L-1$，分别计算动态负荷电流信号周期趋势项 $\tilde{m}_k^i(t,n)$ 和随机动态项 $\tilde{v}_k^i(t,n)$ 的最大值，提取负荷电流信号函数序列模型的幅度随机特征参量，用以分析负荷信号的幅度随机波动特性。

动态负荷电流幅度信号为

$$\tilde{A}_{k,L}^i(n) = \sum_{n=0}^{L-1}\tilde{A}_k^i(n) = \sum_{n=0}^{L-1}\max\{\tilde{A}_k^i(t,n)\,i_k^s(t,n)\} \tag{3-8}$$

动态负荷电流幅度信号的周期趋势项为

$$\tilde{m}_{k,L}^i(n) = \sum_{n=0}^{L-1}\tilde{m}_k^i(n) = \sum_{n=0}^{L-1}\max\{\tilde{m}_k^i(t,n)\,i_k^s(t,n)\} \tag{3-9}$$

动态负荷电流幅度信号的随机动态项为

$$\tilde{v}_{k,L}^i(n) = \sum_{n=0}^{L-1}\tilde{v}_k^i(n) = \sum_{n=0}^{L-1}\max\{\tilde{v}_k^i(t,n)\,i_k^s(t,n)\} \tag{3-10}$$

另外，动态负荷电流幅度信号的随机动态项还可根据式（3-4）动态负荷电流幅度信号的周期趋势项与随机动态项的关系式得到

$$\tilde{v}_{k,L}^i(n) = \tilde{A}_{k,L}^i(n) - \tilde{m}_{k,L}^i(n) \tag{3-11}$$

式中：$n = 0,1\cdots L-1; t \in [nT,(n+1)T)$。

特别地，定义动态负荷电流幅度及其周期趋势项和随机动态项的函数向量分别如下：

电流信号幅度函数向量

$$A_{kL}^i = \tilde{A}_{k,L}^i(n) = \sum_{n=0}^{L-1}\tilde{A}_k^i(n) = [\tilde{A}_k^i(0), \tilde{A}_k^i(1), \tilde{A}_k^i(2),\cdots,\tilde{A}_k^i(L-1)] \tag{3-12}$$

电流信号幅度周期趋势项函数向量

$$\boldsymbol{M}_{kL}^i = \tilde{m}_{k,L}^i(n) = \sum_{n=0}^{L-1} \tilde{m}_k^i(n) = [\tilde{m}_k^i(0), \tilde{m}_k^i(1), \tilde{m}_k^i(2), \cdots, \tilde{m}_k^i(L-1)] \qquad (3-13)$$

电流信号幅度随机动态项函数向量

$$\boldsymbol{V}_{kL}^i = \tilde{v}_{k,L}^i(n) = \sum_{n=0}^{L-1} \tilde{v}_k^i(n) = [\tilde{v}_k^i(0), \tilde{v}_k^i(1), \tilde{v}_k^i(2), \cdots, \tilde{v}_k^i(L-1)] \qquad (3-14)$$

特别说明的是，提取到的电流幅度信号的随机动态项 V_{kL}^i 和周期趋势项 $\boldsymbol{M}_{kL}^i$ 是负荷电流信号的两个幅度随机特征参量，随机动态项随机特征参量 $\boldsymbol{V}_{kL}^i$ 用于反映负荷电流信号在幅度上的快速随机波动特性，周期趋势项随机特征参量 $\boldsymbol{M}_{kL}^i$ 用于反映负荷电流信号在幅度上的循环缓慢变化特性。

3.2.2 负荷电流信号的游程随机特征参量

在式（3－12）动态负荷电流信号的函数序列模型基础上，提出二元游程判别规则，对负荷电流信号的幅度参数 $\tilde{A}_{k,L}^i(n)$ 进行判别，从而提取负荷信号函数序列模型的游程随机特征参量，用于反映负荷电流信号游程长度的随机波动特性。

二元游程判决准则的核心思想是：设电流幅度信号 $\tilde{A}_{k,L}^i(n)$ 的二元游程序列为 $\tilde{R}_{k,L}^i(n)$，采用幅度信号周期趋势项 $\tilde{m}_{k,L}^i(n)$ 作为负荷电流信号幅度的游程截取线，在动态负荷电流信号幅度 $\tilde{A}_{k,L}^i(n)$ 的第 n 个子区间 $[nT,(n+1)T) : n = 0,1 \cdots L-1$，建立幅度随机动态项随机特征参量 $\{\tilde{v}_k^i(n) : n = 0,1 \cdots L-1\}$ 的二元游程判别规则（binary run law，BRL）如下

$$\begin{cases} \tilde{A}_k^i(n) > \tilde{m}_k^i(n), & \tilde{A}_k^i(n) \to \tilde{R}_k^i(n) = 1 \\ \tilde{A}_k^i(n) \leqslant \tilde{m}_k^i(n), & \tilde{A}_k^i(n) \to \tilde{R}_k^i(n) = -1 \end{cases} \qquad (3-15)$$

将式（3－2）代入式（3－15），可进一步将二元游程判别规则简化为

$$\begin{cases} \tilde{v}_k^i(n) > 0, & \tilde{v}_k^i(n) \to \tilde{R}_k^i(n) = 1 \\ \tilde{v}_k^i(n) \leqslant 0, & \tilde{v}_k^i(n) \to \tilde{R}_k^i(n) = -1 \end{cases} \qquad (3-16)$$

于是，动态负荷电流信号幅度的二元游程序列 $\tilde{R}_{k,L}^i(n)$ 为

$$\tilde{v}_{k,L}^i(n) \to \tilde{R}_{k,L}^i(n) = \sum_{n=0}^{L-1} \tilde{R}_k^i(n)$$
$$= \{\cdots, +1, +1, +1, -1, -1, \cdots, -1, \cdots, +1, \cdots\} \qquad (3-17)$$

特别地，定义动态负荷电流信号幅度的二元游程序列的函数向量如下

$$\boldsymbol{R}_{kL}^i = R_{k,L}^i(n) = \sum_{n=0}^{L-1} R_k^i(n)$$
$$= [R_k^i(0), R_k^i(1), R_k^i(2), \cdots, R_k^i(L-1)] : R_k^i(n) = +1 \text{ 或 } -1 \qquad (3-18)$$

特别强调的是，式（3－15）中采用的游程截取线 $\tilde{m}_{k,L}^i(n)$ 不是一个水平线，而是一个随时间缓慢变化的曲线，反映动态负荷电流信号幅度的波动趋势。二元游程序列 $\boldsymbol{R}_{kL}^i$

是负荷电流信号的游程随机特征参量，它是由负荷电流信号幅度随机特征参量 V_{kL}^i 变换到游程域上的，用于反映负荷电流信号的幅度在游程域上的随机波动特性。电流幅度信号的二元游程序列 $\boldsymbol{R}_{kL}^i$ 由游程元素 $\tilde{R}_k^i(n)=1$ 或 $\tilde{R}_k^i(n)=-1$ 组成，具有"不拘细节，只问有无"的特点，能够反映负荷电流信号幅度游程长度的快速随机波动特性。分析负荷电流信号的游程特性，对于确定动态误差测试信号的参数，分析负荷随机波动特性对电能表计量误差的影响具有重要意义。

第4章

典型非线性电力动态负荷信号的
确定性特性分析

电力系统负荷模型（power load model）主要研究电力负荷的功率（有功功率及无功功率）随着负荷端点电压与/或系统频率变动而变化的关系。根据负荷模型是否反映动态特性，通常将负荷模型分为静态负荷模型和动态负荷模型两类。动态负荷特性（dynamic characteristics of load）定义为：电力负荷从电力系统吸取的有功功率和无功功率随负荷端点的电压、系统频率及用电时间动态变化的关系。根据动态负荷特性可将动态负荷模型分为线性动态负荷模型和非线性动态负荷模型，如分布式光伏电源、电弧炉、电气化铁路、轧钢机和电动汽车充电桩都属于典型的非线性动态负荷。

本章建立的动态负荷模型与传统的电力负荷模型既有紧密的联系，又有其特殊性。研究所建立的动态负荷模型采用基于动态负荷特性的建模方法，解决描述动态负荷的瞬时功率与瞬时电压及电流之间随时间变化的多种模式的问题，所提出的模型是一种面向时间过程的动态负荷测试信号模型。

基于以上要求，本章选定具有典型非线性特性的动态负荷：分布式光伏电源、电弧炉、电气化铁路、轧钢机和电动汽车充电桩为研究对象，现场采集负荷运行中的电压与电流信号。通过对负荷运行过程中采集的数据进行分析，得出非线性电力动态负荷的典型特性与特性参量，进而建立非线性电力动态负荷的测试信号模型。

4.1　非线性电力动态负荷信号的确定性特征量分析方法

4.1.1　非线性电力动态负荷确定性特征量的确定

在负荷特性分析研究方面，目前用于描述负荷特性的确定性特征量有幅值特性、相位特性、频率特性和三相电流不平衡度。在已有的研究中，负荷的幅值特性、相位特性为负荷基波与各次谐波的幅值和相位，不能体现负荷信号的幅值、相位随时间的变化。本书结合动态负荷特性和项目实际要求，进一步提出并分析动态负荷的幅值时变特性、相位时变特性等特征量。

（1）幅值时变特性：定义为动态负荷信号基波和谐波的幅值随时间变化的关系。该特征量表示动态负荷信号的幅值变化趋势或规律。

（2）相位时变特性：定义为动态负荷信号基波和谐波的相位随时间变化的关系。该特征量表示动态负荷信号的相位变化趋势或规律。

（3）基波频率特性：动态负荷信号的基波频率特性定义为电压与电流信号的基波频率随时间变化的关系。该特征量表示动态负荷信号的基波频率变化规律或特点。

（4）三相电流不平衡度：定义为在三相电力系统中三相电流的不平衡的程度，用电压、电流的负序基波分量或零序基波分量与正序基波分量的方均根百分比来表示。

由于非线性电力动态负荷具有随机波动特性，产生冲击电流与冲击功率，负荷电流会产生畸变，所以上述几个特征量远不能满足分析需求。为了较完善地分析非线性电力动态负荷的特性，本书还确定了以下几个特征量：

（5）瞬时电流幅度变化速率：定义为瞬时电流幅值在相邻的若干个工频周期内的变化速率。该特征量可以反映动态负荷瞬时电流幅度波动的快慢特性。

（6）瞬时电流幅度变化范围：定义为在某一时间区间内瞬时电流幅值最大值与最小值的差值。该特征量可以反映动态负荷瞬时电流的波动范围。对于冲击负荷，采用瞬时电流幅度的变化速率与变化范围两个特征量相结合来反映动态负荷电流的冲击强度。

（7）瞬时功率幅度变化速率：定义为瞬时功率幅值在相邻的若干个工频周期内的变化速率。该特征量可以反映动态负荷瞬时功率幅度波动的快慢特性。

（8）瞬时功率幅度变化范围：定义为在某一时间区间内瞬时功率幅值最大值与最小值的差值。该特征量可以反映动态负荷瞬时功率的波动范围。对于冲击负荷，采用瞬时功率幅度的变化速率与变化范围两个特征量相结合来反映动态负荷功率的冲击强度。

（9）瞬时电流游程长度：动态负荷电流的游程定义为负荷工作过程中，在某一时间区间内幅值波动满足发生判别标准的两个临近的时间节点之间的电流信号。定义该两个时间节点之间包含的负荷电流的完整周期个数为瞬时电流游程长度。该特征量可以反映动态负荷电流或功率波动变化的暂态模式、短时模式和长时模式。

对于上述（1）～（9）特征量的分析，本书采用时域分段傅里叶变换（FFT）的分析方法，首先将采集到的负荷电流（电压或功率）信号以某一时间长度进行分段，然后对该段信号的数据进行傅里叶变换。

对于幅值时变特性、相位时变特性、基波频率特性，通过傅里叶变换得到信号在该时间段内基波和各次谐波的幅值、相位和频率值。

对于三相电流不平衡度，通过傅里叶变换得到在该时间段内负荷电流基波分量的有效值和相位，应用对称分量法对三相电流基波分量进行分解，得到其正序、负序和零序分量，最后得到负序、零序不平衡度。

对于瞬时电流、瞬时功率的幅度变化范围与变化速率，首先确定瞬时电流和瞬时功率信号幅度波动的时间区间，然后计算在某一时间区间内瞬时电流、瞬时功率的幅值最大值、最小值及变化速率。

对于瞬时电流游程长度，选择截取水平，确定负荷瞬时电流满足判别标准的时间区间，计算该时间区间内包含的完整周期电流波形的个数，得到瞬时电流游程长度。

4.1.2　幅值时变特性、相位时变特性、基波频率特性的分析方法

4.1.2.1　非线性电力动态负荷采集信号的数学描述

假设被采集的模拟信号 $x(t)$ 由直流分量、基波和多次谐波组成。使用采样频率 f_s 对模拟信号进行采样，得到离散的数字信号 $x(n)$

$$x(n) = A_0(n) + A_1(n)\sin\{2\pi n(f_0/f_s) + \phi_0\} + \sum_{m=2}^{M} A_m(n)\sin\{2\pi m(nf_0/f_s) + \phi_m\} \quad (4-1)$$

式中：$A_0(n)$ 表示直流分量；$A_1(n)$ 表示随时间变化的基波（或频率为基波的频率分量）信号的幅值；$A_m(n)$ 表示 m 次谐波分量信号的幅值；f_0 表示信号的基波频率；M 表示最高谐波的次数。

对于瞬时电流信号，取 $A_0(n) = I_0(n)$，$A_1(n) = I_1(n)$，$A_m = I_m(n)$，则有

$$i(n) = I_0(n) + I_1(n)\sin\{2\pi n(f_0/f_s) + \phi_0\} + \sum_{m=2}^{M} I_m(n)\sin\{2\pi m(nf_0/f_s) + \phi_m\} \quad (4-2)$$

式中：$I_0(n)$ 表示负荷瞬时电流信号中随时间缓慢变化的直流分量；$I_1(n)$ 表示负荷瞬时电流中基波电流信号的幅值，该幅值随时间不断变化，变化快慢与动态负荷的性质密切相关；$I_m(n)$ 表示负荷瞬时电流中随时间变化的 m 次谐波电流分量的幅值；M 表示电流最高谐波的次数。

对于瞬时电压信号，取 $A_0(n) = U_0(n) = 0$，$A_1(n) = U_1(n)$，$A_m(n) = U_m(n)$，则有

$$u(n) = U_1(n)\sin\{2\pi(f_0/f_s) + \varphi_0\} + \sum_{m=2}^{Q} U_m(tn)\sin\{2\pi m(nf_0/f_s) + \varphi_m\} \quad (4-3)$$

式中：$U_0(n) = 0$ 表示负荷瞬时电压信号中直流分量为零；$U_1(n)$ 表示负荷瞬时电压中基波电流信号的幅值，该幅值随时间变化较小；$U_m(n)$ 表示负荷瞬时电压中随时间变化的 m 次谐波电流分量的幅值；Q 表示电压最高谐波的次数。

对于动态负荷瞬时功率，取 $A_0 = P_0(n) = 0$，$A_1 = P_1(n)$，$A_m = P_m(n)$，则有

$$p(n) = u(n)i(n) = P_0(n) + \sum_{m=1}^{M+Q} P_m(n)\cos\{2\pi m(nf_0/f_s) + \phi_m\} \quad (4-4)$$

式中：$P_0(n) = \sum_{k=1}^{L} U_k(n)I_k(n)\cos(\varphi_m - \phi_m)$，表示瞬时功率信号中随时间慢变化的分量，

$L = \min\{M, Q\}$；$P_m(n)$表示瞬时功率信号中电压与电流谐波次数之差或之和等于 m 的分量的幅度；$P_m(n)$ 与 $\{U_k(n), : k = 1, 2, \cdots, Q\}$；$\{I_k(n) : k = 1, 2, \cdots, M\}$ 有关，是瞬时功率中快变化的分量。

4.1.2.2 动态负荷信号的幅值时变特性、相位时变特性与基波频率特性分析方法

对负荷瞬时电流、瞬时电压或瞬时功率信号 $x(t)$，设采样间隔为 $1/f_s$，采样点数为 N，采样后得到离散信号 $x(n)$；对信号 $x(n)$ 进行时域分段映射处理，构成信号的时域矩阵，然后对矩阵进行 FFT 变换，得到长度为 N 的复数序列 $X(k)$。

信号的幅值时变特性、相位时变特性和基波频率特性分析的技术路线如图 4-1 所示。

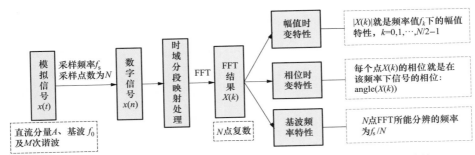

图 4-1 幅值时变特性、相位时变特性和基波频率特性分析的技术路线

4.1.2.3 动态负荷信号幅值时变特性的计算公式

对信号 $x(n)$ 进行 FFT 计算的蝶形计算公式为

$$\begin{cases} X(k) = X_1(k) + W_N^k X_2(k), & k = 0, 1, \cdots, \dfrac{N}{2} - 1 \\ X\left(k + \dfrac{N}{2}\right) = X_1(k) - W_N^k X_2(k), & k = 0, 1, \cdots, \dfrac{N}{2} - 1 \end{cases} \tag{4-5}$$

信号的采样频率为 f_s，采用时域分段 FFT 分析方法，取每次分析的电压或电流数据的长度为 N（时间约为 1s），保证分析方法的频率分辨率为 f_s/N。第 i 个时间段的电压或电流离散信号为 $\{x_i(n) : i = 0, 1, 2, \cdots, I\}$，将全部 I 段采集结果采用矩阵映射的方法，得到电压或电流信号的时域矩阵

$$\boldsymbol{x} = \begin{bmatrix} x_0(0) & x_0(1) & \cdots & x_0(N-1) \\ x_1(0) & x_1(1) & \cdots & x_1(N-1) \\ \vdots & \vdots & \ddots & \vdots \\ x_I(0) & x_I(1) & \cdots & x_I(N-1) \end{bmatrix}_{I \times N} \tag{4-6}$$

对式（4-6）时域矩阵进行 FFT 变换得到电压或电流信号的频域矩阵

$$X = \begin{bmatrix} X_0(0) & X_0(1) & \cdots & X_0(N-1) \\ X_1(0) & X_1(1) & \cdots & X_1(N-1) \\ \vdots & \vdots & \ddots & \vdots \\ X_I(0) & X_I(1) & \cdots & X_I(N-1) \end{bmatrix}_{I \times N} \tag{4-7}$$

该频域矩阵 X 的第 i 行对应第 i 段时间，第 k 列对应 $k(f_s/N)$ 的频率。信号在第 i 段时间内频率为 $f_i = k(f_s/N)$ 的波形的幅值为

$$A(i) = |X_i(k)| \tag{4-8}$$

序列 $\{A(i): i = 0, 1, 2, \cdots, I\}$ 即信号的基波或谐波的幅值时变特性。

4.1.2.4 动态负荷信号基波频率特性的计算公式

分析采用时域分段 FFT 方法，其频率分辨率为 f_s/N，其中 f_s 为采样频率，N 为 FFT 点数。为了保证 FFT 频率分辨率达到 0.1Hz，取每次分析的电压、电流数据的时间长度为 10s，第 i 个时间段采用 FFT 分析的结果序列 $X_i(k)$，则动态负荷信号的基波频率为

$$f_{0,i} = (r-1)f_s/N \tag{4-9}$$

式中：

$$r = k_m \quad \text{s.t.} \quad X_i(k_m) = \max_k \{X_i(k)\}, \ k \in [50/(f_s/N) \pm 0.5/(f_s/N)] \tag{4-10}$$

该频率的信号分量在多个时间点对应的瞬时频率值 f_0，i 组成序列 $\{f_{0,i}\}$（$i = 0, 1, 2, \cdots$），即该分量的基波频率特性。

4.1.2.5 动态负荷信号相位时变特性的计算公式

分析采用时域分段 FFT 方法，其频率分辨率为 f_s/N，其中：f_s 为采样频率，N 为 FFT 点数。取每次分析的电压、电流数据的时间长度为 1s，第 i 个时间段采用 FFT 分析的结果序列 $X_i(k)$，设第 r 个频率分量对应的元素为 $X_i(r)$（$r = 1, 2, \cdots, N-1$），则

$$X_i(r) = \text{Re}(X_i(r)) + \text{jIm}(X_i(r)) \tag{4-11}$$

则对应频率为 $r(f_s/N)$ 的频率分量的相位 $\varphi_i(r)$ 为

$$\varphi_i(r) = \arctan\{\text{Im}(X_i(r))/\text{Re}(X_i(r))\} \tag{4-12}$$

该频率分量的信号在不同时间的相位值 $\varphi_i(r)$ 组成序列 $\{\varphi_i(r): i = 0, 1, 2, \cdots\}$，即为该频率分量的信号相位时变特性。

4.1.3 瞬时电流幅度变化范围与变化速率的分析方法

4.1.3.1 瞬时电流幅度变化范围与变化速率分析的技术路线

设负荷瞬时电流信号为 $i(n)$，取其幅度 $I(n')$

$$I(n') \stackrel{\text{def}}{=\!=} i(t_0 + n'T) \tag{4-13}$$

式中：t_0 为负荷电流信号过零到最大值的时间间隔；T 为信号周期；$n'=0,1,2,\cdots,N$；$I(n')$ 为负荷瞬时电流的幅值。

设 NT 为处理的负荷电流信号的时间长度，分析时间区间为 $[t_1(n'),t_2(k)]$，其中，$t_1(n')=t_0+n'T$，$t_2(k)=t_1(n')+kT$。求出该时间区间内瞬时电流信号的幅值最大值 $I_{\max}(n')$ 与最小值 $I_{\min}(n')$

$$\begin{cases} I_{\max}(n_1') = \max\{|I(n')|\} \\ I_{\min}(n_2') = \min\{|I(n')|\} \end{cases} \tag{4-14}$$

式中：n_1' 表示负荷瞬时电流信号出现最大值 $I_{\max}(n_1')$ 的时刻；n_2' 表示负荷瞬时电流信号出现最小值 $I_{\min}(n_2')$ 的时刻。

4.1.3.2 瞬时电流幅度变化范围与变化速率的计算公式

如 4.1.3.1 所述，瞬时电流幅度变化范围为 $[I_{\min}(n_2'),I_{\max}(n_1')]$ $(n_1',n_2'=1,2,\cdots)$，瞬时电流幅度变化速率计算如下

$$v(i)=\frac{\Delta I(i)}{\Delta t(i)}=\frac{I_{\max}(n_1')-I_{\min}(n_2')}{t_{\max}(n_1')-t_{\min}(n_2')} \tag{4-15}$$

由式（4-14）和式（4-15）给出信号瞬时电流幅度变化范围与变化速率分析的技术路线如图 4-2 所示。

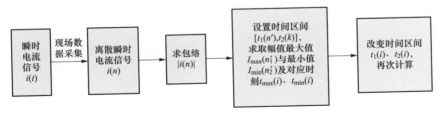

图 4-2　瞬时电流幅度变化范围与变化速率的技术路线

4.1.4　瞬时功率幅度变化范围与变化速率的分析方法

4.1.4.1　瞬时功率幅度变化范围与变化速率分析的技术路线

瞬时功率幅度变化范围与变化速率的分析采用 4.1.3 小节中的分析方法。于是，有信号的瞬时功率幅度变化范围与变化速率分析的技术路线如图 4-3 所示。

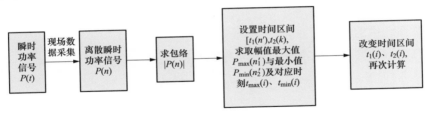

图 4-3　瞬时功率幅度变化范围与变化速率的技术路线

4.1.4.2　瞬时功率幅度变化范围与变化速率的计算公式

如 4.1.4.1 所述，瞬时功率幅度变化范围为 $[P_{\min}(n'_2), P_{\max}(n'_1)]$ $(n_1, n_2 = 1, 2, \cdots)$，瞬时功率幅度变化速率计算如下

$$v(P) = \frac{\Delta P(i)}{\Delta t(i)} = \frac{P_{\max}(n'_1) - P_{\min}(n'_2)}{t_{\max}(n'_1) - t_{\min}(n'_2)} \tag{4-16}$$

4.1.5　三相电流不平衡度的分析方法

4.1.5.1　三相电流不平衡度分析的技术路线

采用时域分段的 FFT 方法，对 A、B、C 三相电流数据进行处理，得到该时间段三相电流各自基波分量的有效值和相位，于是得到三相电流基波分量的相量形式 $\dot{I}_A$、$\dot{I}_B$、$\dot{I}_C$。应用对称分量法进行分解，计算得出负序不平衡度与零序不平衡度。于是，三相电流不平衡度的技术路线如图 4-4 所示。

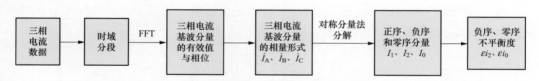

图 4-4　三相电流不平衡度的技术路线

4.1.5.2　三相电流不平衡度的计算公式

由三相电流信号基波分量的有效值和相位，有三相电流的相量形式 $\dot{I}_A$、$\dot{I}_B$、$\dot{I}_C$。不平衡三相系统中，三相电流电量按对称分量法的分解公式如下

$$\begin{cases} I_0 = (\dot{I}_A + \dot{I}_B + \dot{I}_C)/3 \\ I_1 = (\dot{I}_A + e^{j120°}\dot{I}_B + e^{j240°}\dot{I}_C)/3 \\ I_2 = (\dot{I}_A + e^{j240°}\dot{I}_B + e^{j120°}\dot{I}_C)/3 \end{cases} \tag{4-17}$$

式中：I_1 为正序分量，指将不平衡三相系统的电量按对称分量法分解后其正序对称系统中的分量；I_2 为负序分量，指将不平衡三相系统的电量按对称分量法分解后其负序对称系统中的分量；I_0 为零序分量，指将不平衡三相系统的电量按对称分量法分解后其零序对称系统中的分量。

于是有电流的零序不平衡度 εi_0 和负序不平衡度 εi_2

$$\begin{cases} \varepsilon i_0 = I_0/I_1 \times 100\% \\ \varepsilon i_2 = I_2/I_1 \times 100\% \end{cases} \tag{4-18}$$

4.1.6 瞬时电流游程长度的分析方法

4.1.6.1 瞬时电流游程长度分析的技术路线

对于负荷瞬时电流信号 $i(n)$，其包络为 $I(n')$。设 I_0 是截取水平，约定 $i(n) \geqslant I_0$（或 $i(n) \leqslant I_0$）为发生波动的判别标准，设 nT 和 $(n+k)T$ （$n,k \in N$）为发生波动的两个最临近的时间节点，则负荷瞬时电流在时间区间 $[nT,(n+k)T]$ 内发生一次幅值波动。在时间区间 $[nT,(n+k)T]$ 内计算包含的负荷电流完整的周期个数，得出相对截取水平 I_0 的瞬时电流一次游程长度，显而易见 k 为游程的长度。游程长度分析的技术路线如图 4-5 所示。

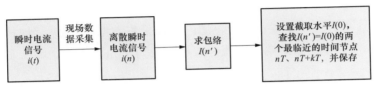

图 4-5 瞬时电流游程长度的技术路线

4.1.6.2 瞬时电流游程长度的计算公式

本书中所研究的瞬时电流的游程是指瞬时电流某波动过程所包含整周期正弦波形的周期个数。求取得到时间节点 t_1、t_2，因为 t_1、t_2 满足 $t_1 = nT$、$t_2 = (n+k)T$。所以有游程长度 k

$$k = \text{INT}\left(\frac{t_2 - t_1}{T}\right) : t_1 = nT, t_2 = (n+k)T \tag{4-19}$$

式中：T 为工频周期 0.02s；INT 为取整函数。

4.1.7 确定性特征量的计算公式

上述研究确定的确定性特征量的计算公式见表 4-1。

表 4-1　　　　　　　　　　　　确定性特征量的计算公式

确定性特征量	特征量计算公式
幅值时变特性	$A(i) = |X_i(k)|$
相位时变特性	$\varphi_i(r-1) = \arctan(\text{Im}(X_i(r)) / \text{Re}(X_i(r)))$
基波频率特性	$f_{0,i} = (r-1)f_s / N$
三相电流不平衡度	$\varepsilon i_0 = I_0 / I_1 100\%$ $\varepsilon i_2 = I_2 / I_1 100\%$
瞬时电流幅度变化范围与变化速率	$v(i) = \dfrac{\Delta I(i)}{\Delta t(i)} = \dfrac{I_{\max}(n_1') - I_{\min}(n_2')}{t_{\max}(i) - t_{\min}(i)}$

确定性特征量	特征量计算公式
瞬时功率幅度变化范围与变化速率	$v(P) = \dfrac{\Delta P(i)}{\Delta t(i)} = \dfrac{P_{\max}(n_1') - P_{\min}(n_2')}{t_{\max}(i) - t_{\min}(i)}$
瞬时电流游程长度	$k = \mathrm{INT}\left(\dfrac{t_2 - t_1}{T}\right) : t_1 = nT, t_2 = (n+k)T$

4.2 非线性电力动态负荷（数据）确定性特征量的分析结果

4.2.1 分布式光伏电源的确定性特征量分析结果

针对固安县某小区的分布式光伏电源的现场采集数据进行确定性特征量分析。采集数据包括 A、B、C 三相的电压电流，数据时长为 44min24s，数据大小为 5.95GB。

4.2.1.1 电压电流基波的幅值时变特性、相位时变特性和基波频率特性分析结果

分布式光伏电源电压与电流在 0～2660s 内的基波幅值时变特性如图 4-6 及图 4-7 所示。分析结果如下：

（1）电压基波幅值在 $t=1944$s 时，达到最小值 $U_{1\_\min}=319.75$V；在 $t=10$s 时，达到最大值 $U_{1\_\max}=325.16$V；整个时间段的电压均值为 $\overline{U_1}=321.87$V，方差为 $\delta(U_1)=0.73$。

（2）电流基波幅值在 $t=1084$s 时，达到最小值 $I_{1\_\min}=8.42$A；$t=537$s 时，达到最大值 $I_{1\_\max}=19.93$A；整个时间段的电流均值为 $\overline{I_1}=14.65$A，方差为 $\delta(I_1)=8.51$。

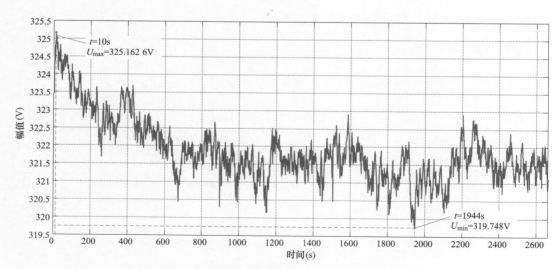

图 4-6 分布式光伏电源电压基波幅值时变特性

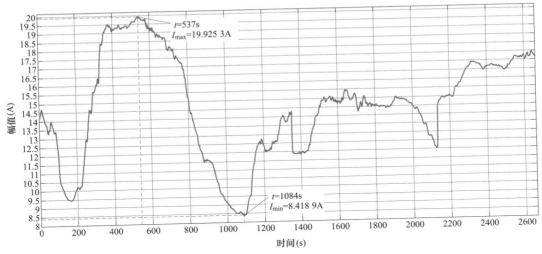

图 4-7　分布式光伏电源电流基波幅值时变特性

分布式光伏电源的电压与电流在 0～2660s 内的基波相位时变特性及相位差如图 4-8 和图 4-9 所示，分析结果如下：

（1）分布式光伏电源电压基波相位变化范围为 $-7.10°\sim5.80°$，均值为 $\overline{\varphi_0}=-1.13°$，方差为 $\delta(\varphi_0)=9.61$，电压基波相位波动幅度较小（$t=644.688\,2s$ 时，达到最小值 $\varphi_{0\_min}=-7.10°$；$t=920.305\,9s$ 时，达到最大值 $\varphi_{0\_max}=5.80°$）。

（2）分布式光伏电源电流基波相位变化范围为 $-8.70°\sim4.0°$，均值为 $\overline{\phi_0}=-3.19°$，方差为 $\delta(\phi_0)=9.58$，电流基波相位波动幅度较小（$t=644.688\,2s$ 时，达到最小值 $\phi_{0\_min}=-8.70°$；$t=2656.841\,7s$ 时，达到最大值 $\phi_{0\_max}=4.0°$）。

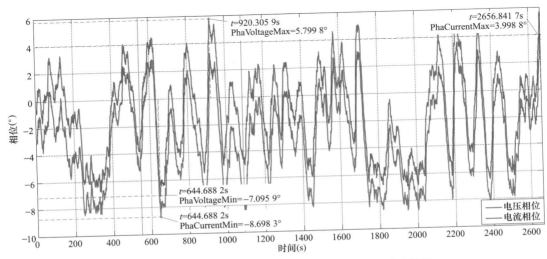

图 4-8　分布式光伏电源电压与电流的基波相位时变特性

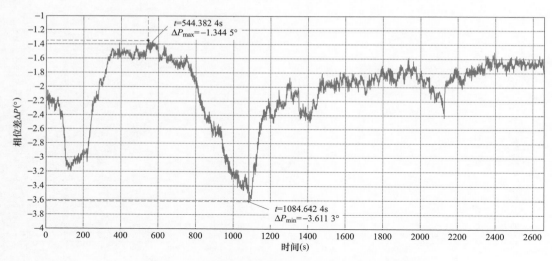

图 4-9 分布式光伏电源电压与电流基波相位差

分布式光伏电源电压与电流的基波频率特性如图 4-10 所示。分析结果如下：

分布式光伏电源具有稳定的电压基波频率和电流基波频率，频率变化范围不超过 0.1Hz。在非线性电力动态负荷的测试信号模型中可设置电压和电流的频率为设定的频率。

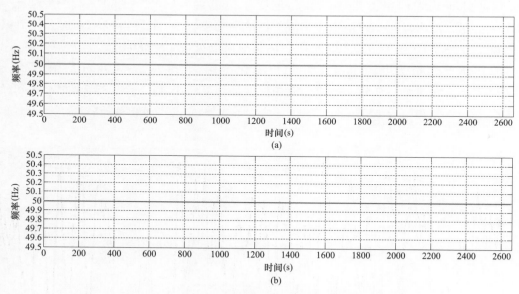

图 4-10 分布式光伏电源基波频率特性

（a）电压；（b）电流

4.2.1.2 瞬时电流幅度变化范围与变化速率分析结果

分布式光伏电源 A 相电流 0～2660s 数据分析结果如图 4-11 和图 4-12 所示，分析结果如下：

（1）分布式光伏电源电流信号幅度变化范围为 6.92～18.64A。

（2）幅度波动的时间长度范围为 0～30s，波动时间长度在 0～15s 内分布较多；在 1080.323 59s、1246.739 585s、1349.551 54s、1515.086 985s、1608.114 08s 和 2129.266 445s 时，分别出现了波动时间短于 0.1s 的幅度波动。

（3）幅度变化速率范围为 0.001 8～453.10A/s。除波动时间短于 1s 的幅度波动外，幅度变化速率范围为 0.001 8～0.204A/s，幅度波动较缓慢。

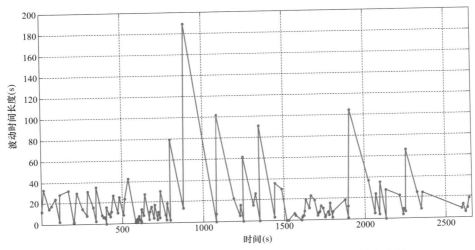

图 4-11　分布式光伏电源 A 相电流幅度波动的时间长度曲线

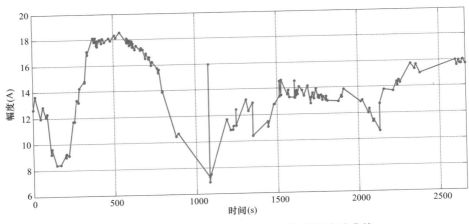

图 4-12　分布式光伏电源 A 相电流幅度波动曲线

4.2.1.3　瞬时功率幅度变化范围与变化速率分析结果

分布式光伏电源 A 相瞬时功率在 0～2660s 内幅度的变化曲线如图 4-13 所示，分析结果如下：

（1）分布式光伏电源的瞬时功率在较短时间区间内具有矩形包络特性。

（2）分布式光伏电源瞬时功率的幅度变化范围为 2198.40～6922.89W。

（3）瞬时功率幅度变化速率的范围为 −1.12～1.56kW/s。

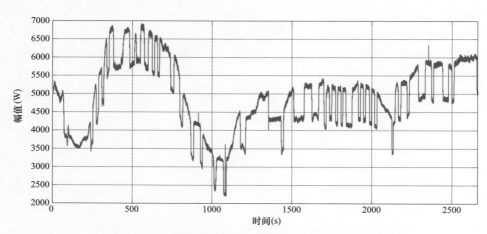

图 4−13　分布式光伏电源 A 相瞬时功率幅度变化曲线

4.2.1.4　三相电流不平衡度分析结果

选取分布式光伏电源三相电流不平衡度分析结果中的 5 组相量图，如图 4−14～图 4−18 所示，分析结果如下：

（1）分布式光伏电源三相电流有效值不一致，存在三相不平衡现象。

（2）在 0～100s 内，电流的负序不平衡度范围为 $8.8 \times 10^{-3} \sim 8.67 \times 10^{-2}$，零序不平衡度范围为 $6.3 \times 10^{-3} \sim 8.24 \times 10^{-2}$。

（3）根据分析结果，在 0～100s 内，A、B 两相电流相位差 ϕ_{AB} 的范围为 −121.54°～−104.02°，A、C 两相电流相位差 ϕ_{AC} 的范围为 −230.82°～−244.01°。

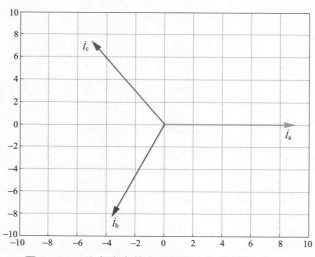

图 4−14　分布式光伏电源三相电流相量图（一）

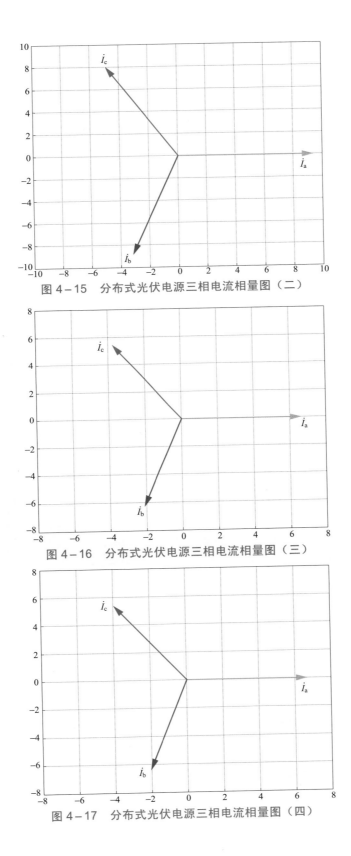

图 4-15 分布式光伏电源三相电流相量图（二）

图 4-16 分布式光伏电源三相电流相量图（三）

图 4-17 分布式光伏电源三相电流相量图（四）

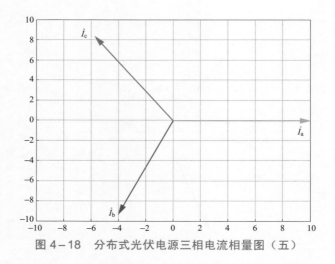

图 4-18　分布式光伏电源三相电流相量图（五）

4.2.1.5　瞬时电流的游程长度分析结果

经过观察和分析，发现分布式光伏电源瞬时电流中存在长度不少于 50 个工频周期的长游程（见图 4-19 和图 4-20）和长度在 1～5 个工频周期的短游程（见图 4-21 和图 4-22），分别对应负荷瞬时电流的长时波动和暂态波动。

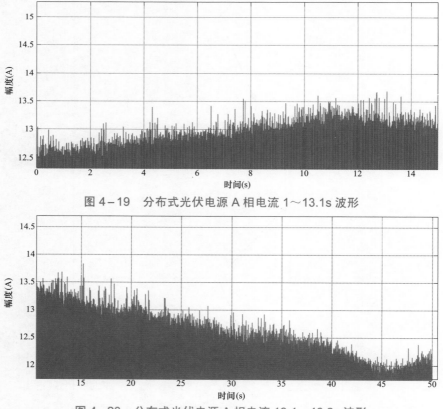

图 4-19　分布式光伏电源 A 相电流 1～13.1s 波形

图 4-20　分布式光伏电源 A 相电流 13.1～46.2s 波形

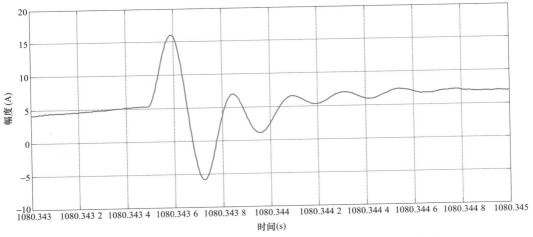

图 4-21　分布式光伏电源 A 相电流 1080.343～1080.345s 波形

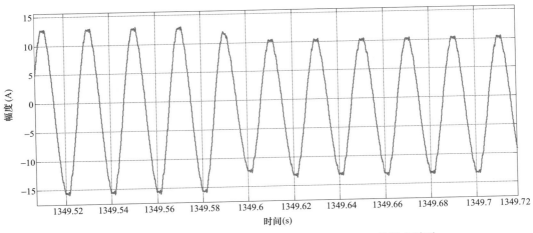

图 4-22　分布式光伏电源 A 相电流 1349.551 54s 处暂态波动

4.2.2　电弧炉确定性特征量的分析结果

　　针对河北秦皇岛某公司 1 号站电弧炉的现场采集数据进行确定性特征量分析。采集数据包括 A、C 两相的电压和电流，数据时长为 50min，数据大小为 1.66GB。

4.2.2.1　电压与电流基波的幅值时变特性、相位时变特性和基波频率特性分析结果

　　电弧炉电压与电流在 0～2230s 内的基波幅值时变特性如图 4-23 和图 4-24 所示，分析结果如下：

　　（1）电压基波幅值在 t=2157s 时，达到最小值 U_{1_min}=47.92kV；t=1600s 时，达到最大值 U_{1_max}=48.55kV；整个时间段的均值为 $\overline{U_1}$=48.28kV，方差为 $\delta(U_1)$=11 028.03。

　　（2）电流基波幅值在 t=952s 时，达到最小值 I_{1_min}=22.83A；t=72s 时，达到最大

值 $I_{1\_max}=218.20\mathrm{A}$；整个时间段的均值为 $\overline{I_1}=147.33\mathrm{A}$，方差为 $\delta(I_1)=4939.23$。

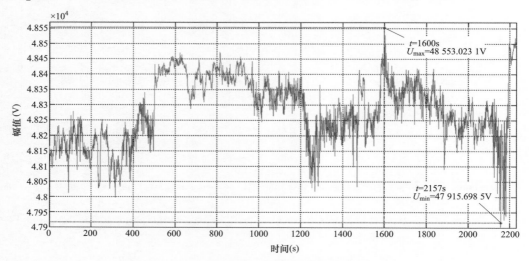

图 4-23　电弧炉电压基波幅值时变特性

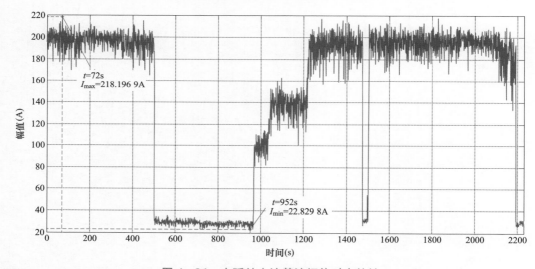

图 4-24　电弧炉电流基波幅值时变特性

电弧炉电压与电流在 0～2180s 内的基波相位时变特性及相位差曲线如图 4-25 和图 4-26 所示，分析结果如下：

（1）电弧炉电压基波相位变化范围为 $-7.411\,4°$～$7.675\,4°$；均值为 $\overline{\varphi_0}=0.911\,7°$；方差为 $\delta(\varphi_0)=14.184\,6$；电压基波波动幅度较小（在 $t=2134.046\,2\mathrm{s}$ 时，达到最小值 $\varphi_{0\_min}=-7.411\,4°$；$t=1889.349\mathrm{s}$ 时，达到最大值 $\varphi_{0\_max}=7.675\,4°$）。

（2）电弧炉电流基波相位变化范围为 $-112.548\,1°$～$-27.079\,2°$；均值为 $\overline{\varphi_0}=30.285\,7°$；方差为 $\delta(\varphi_0)=1.567\,1\mathrm{E}+04$；电流基波相位波动幅度较大（在 $t=2212.238\,4\mathrm{s}$ 时，达到最小值 $\varphi_{0\_min}=-89.953\,3°$；$t=789.550\,6\mathrm{s}$ 时，达到最大值 $\varphi_{0\_max}=269.991\,8°$）。

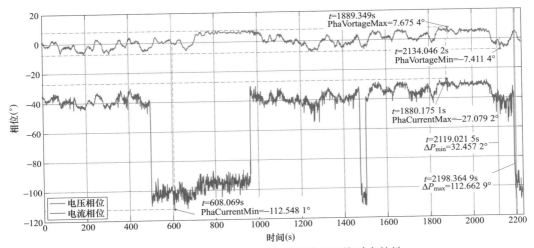

图 4－25　电弧炉电压与电流的基波相位时变特性

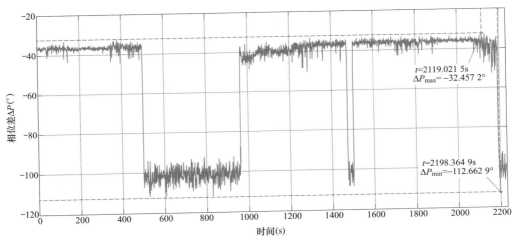

图 4－26　电弧炉电压与电流基波的相位差曲线

电弧炉电压与电流的基波频率特性如图 4－27 所示，分析结果如下：

（1）电弧炉具有稳定的电压基波频率和电流基波频率，电压频率变化范围不超过 0.1Hz，电流频率变化范围不超过 0.2Hz。

（2）在非线性电力动态负荷的测试信号模型中可认为电压频率不随时间变化，设置为一常数。

4.2.2.2　瞬时电流幅度变化范围与变化速率分析结果

电弧炉 0～1300s 内 A 相瞬时电流幅度波动的分析结果如下。

电弧炉 A 相电流 0～1300s 数据分析结果如图 4－28 和图 4－29 所示，分析结果如下：

（1）电弧炉电流信号的幅度变化范围为 0.8～406.8A。

（2）幅度波动的时间长度为 0.02～9.5s，电流幅度波动存在暂态波动和短时波动。

（3）幅度变化速率范围为－1989.81～1717.48A/s，电流变化速率较快、波动频繁。

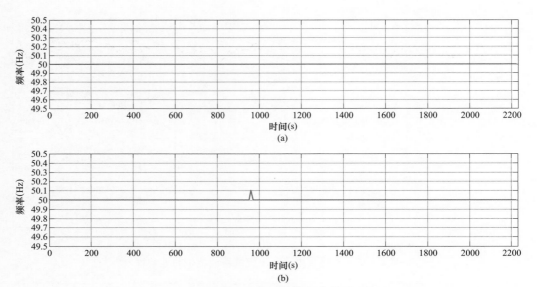

图 4-27　电弧炉基波频率特性

（a）电压；（b）电流

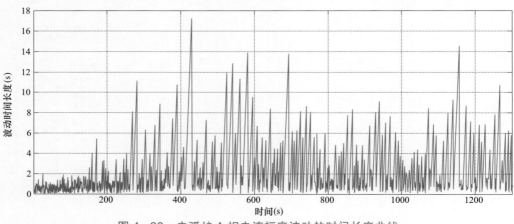

图 4-28　电弧炉 A 相电流幅度波动的时间长度曲线

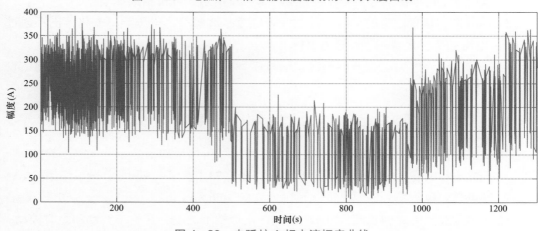

图 4-29　电弧炉 A 相电流幅度曲线

4.2.2.3 瞬时功率幅度变化范围与变化速率分析结果

电弧炉 A 相瞬时功率在 0~2230s 内幅度的变化曲线如图 4-30 所示，分析结果如下：

（1）电弧炉 A 相瞬时功率的波动范围为 62.97~26 329.12kW，波动范围较大。

（2）瞬时功率变化速率的范围为 -42.18~13.41MW/s，变化速率快。

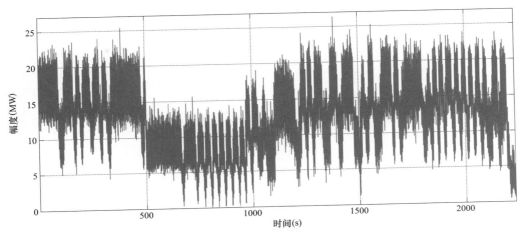

图 4-30　电弧炉瞬时功率幅度变化曲线

4.2.2.4 三相电流不平衡度分析结果

由于电弧炉的电能计量用电能表采用三相三线制接法，只采集了电弧炉 A、C 相的电压与电流数据，暂不进行三相电流不平衡度的分析。

4.2.2.5 瞬时电流的游程长度分析结果

通过对电弧炉 A 相电流幅度的分析，发现电弧炉瞬时电流中存在长度为 1~5 个工频周期的暂态游程（见图 4-31 和图 4-32）和长度为 5~50 个工频周期的短时游程短时波动（见图 4-33）。

图 4-31 中，在 1.5~1.6s 内，瞬时电流波动游程长度为 4 个工频周期，为暂态波动。

图 4-32 中，73.1~73.18s 内，瞬时电流波动的游程长度为 4 个工频周期，为暂时波动。

图 4-33 中，50.017~50.158s 内，瞬时电流的游程长度为 7 个工频周期的短时波动。

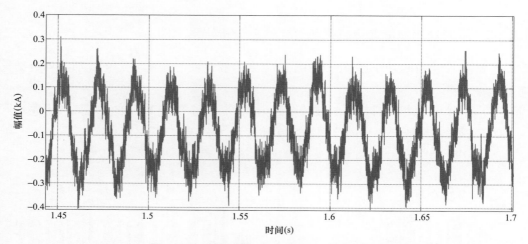

图 4-31　电弧炉 A 相电流 1.5～1.6s 波形

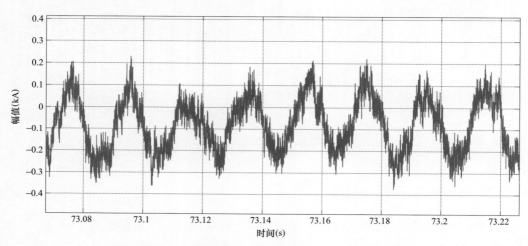

图 4-32　电弧炉 A 相电流 73.1～73.18s 波形

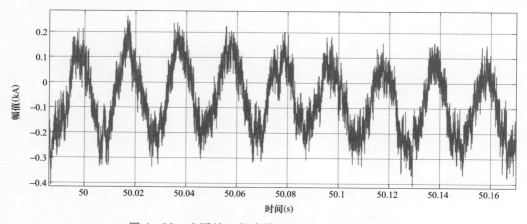

图 4-33　电弧炉 A 相电流 50.017～50.158s 波形

4.2.3 轧钢机确定性特征量的分析结果

针对河北秦皇岛某公司 2 号站轧钢机的现场采集数据进行确定性特征量分析。采集数据包括 A、C 两相的电压和电流，数据时长为 46min，数据大小为 3.50GB。

4.2.3.1 电压与电流基波的幅值时变特性、相位时变特性和基波频率特性分析结果

轧钢机电压与电流在 0～2100s 内的基波幅值时变特性如图 4-34 及图 4-35 所示，分析结果如下：

（1）电压基波幅值在 $t=1205s$ 时，达到最小值 $U_{1\_min}=49.79kV$；在 $t=1440s$ 时，达到最大值 $U_{1\_max}=51.004kV$；整个时间段的电压均值为 $\overline{U_1}=50.68kV$，方差为 $\delta(U_1)=0.025$。

（2）电流基波幅值在 $t=807s$ 时，达到最小值 $I_{1\_min}=0.88A$；$t=647s$ 时，达到最大值 $I_{1\_max}=408.4A$；整个时间段的电流均值为 $\overline{I_1}=30.75A$，方差为 $\delta(I_1)=2269.1$。

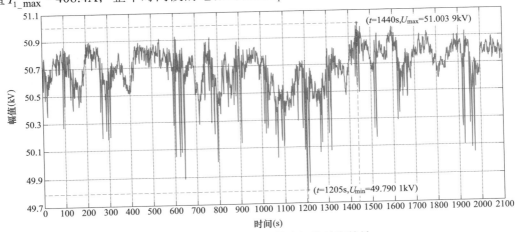

图 4-34 轧钢机电压基波幅值时变特性

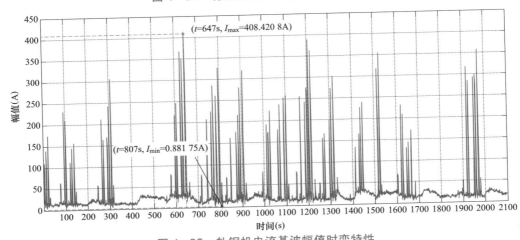

图 4-35 轧钢机电流基波幅值时变特性

轧钢机电压与电流在 0~2100s 内的基波相位时变特性如图 4-36 和图 4-37 所示，由图可知，以上方法可得出电压、电流的基波相位，分析结果如下：

（1）轧钢机电压基波相位变化范围为 $-7.52° \sim 8.52°$；均值为 $\overline{\varphi_0} = -0.53°$；方差为 $\delta(\varphi_0) = 14.37$；电压基波相位波动幅度较小（在 $t = 289.9979\text{s}$ 时，达到最小值 $\varphi_{0\_\text{min}} = -7.52°$；在 $t = 1438.581\text{s}$ 时，达到最大值 $\varphi_{0\_\text{max}} = 8.52°$）。

（2）轧钢机电流基波相位变化范围为 $-179.04° \sim 179.30°$；均值为 $\overline{\varphi_0} = 0.54°$；方差为 $\delta(\varphi_0) = 2007.46$；电流基波相位波动幅度较大（在 $t = 1696.46\text{s}$ 时，达到最小值 $\varphi_{0\_\text{min}} = -179.04°$；在 $t = 557.13$ 时，达到最大值 $\varphi_{0\_\text{max}} = 179.30°$）。

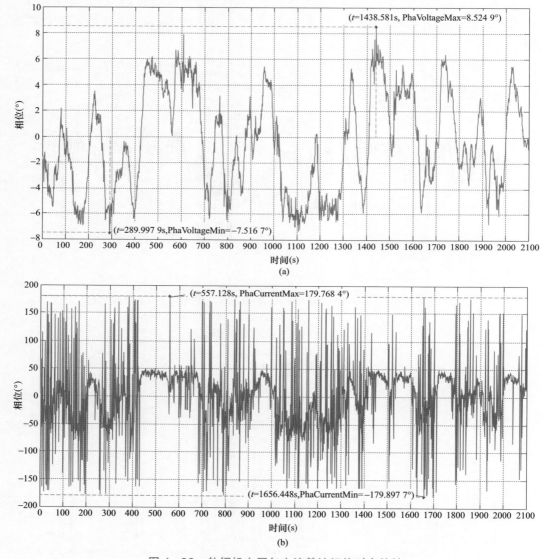

图 4-36　轧钢机电压与电流基波相位时变特性

（a）电压基波幅值时变特性；（b）电流基波幅值时变特性

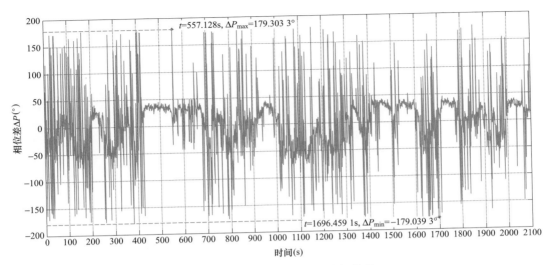

图 4-37 轧钢机电压与电流相位差

轧钢机电压与电流的基波频率特性如图 4-38 所示，分析结果如下：

（1）轧钢机具有稳定的电压基波频率，电压基波频率变化范围不超过 0.1Hz。

（2）轧钢机具有较稳定的电流基波频率：在观测时间内，电流基波频率变化稳定于 0.1Hz 范围内；在多个观测时间点，频率变化最大为 0.3Hz。

（3）在非线性电力动态负荷的测试信号模型中可认为电压频率不随时间变化，设置为一常数；电流频率有发生较大频率变化的概率。

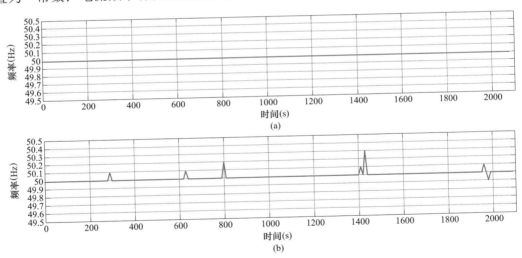

图 4-38 轧钢机基波频率特性

（a）电压；（b）电流

4.2.3.2 瞬时电流幅度变化范围与变化速率分析结果

轧钢机在 0～2230s 内 A 相瞬时电流的幅度变化分析结果如下。

图 4-39 为大于 5s 的波动的时间长度的曲线，对应的幅度波动曲线如图 4-40 所示；图 4-41 为 0~100s 内小于 5s 的波动时间长度的曲线，对应的幅度波动曲线如图 4-42 所示。

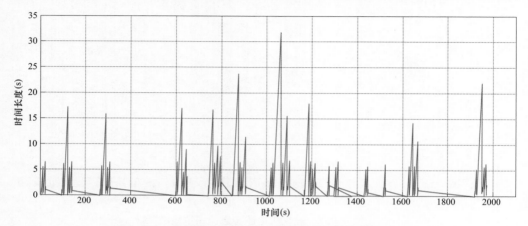

图 4-39　轧钢机 A 相电流幅度波动时间长度曲线（一）

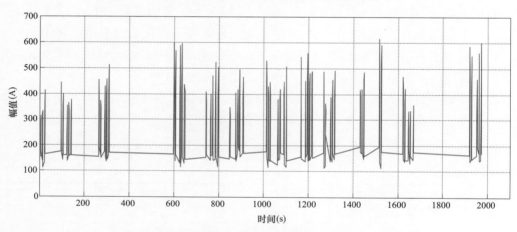

图 4-40　轧钢机 A 相电流幅度波动曲线（一）

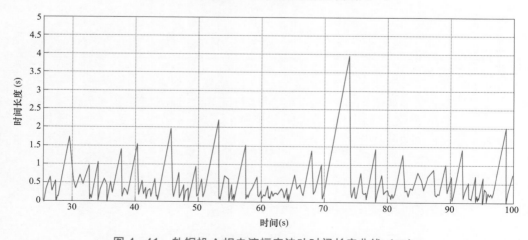

图 4-41　轧钢机 A 相电流幅度波动时间长度曲线（二）

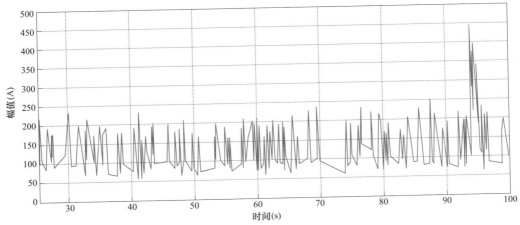

图 4-42　轧钢机 A 相电流幅度波动曲线（二）

轧钢机 A 相电流 0～2100s 电流数据的分析结果如图 4-39～图 4-42 所示，分析结果如下：

（1）轧钢机电流信号的幅度变化范围为 19.2～617.2A。

（2）幅度波动的时间长度为 4×10^{-3}～20s，主要有 0.04～2s 内的波动（见图 4-41 和图 4-42）和 5～20s 的波动（见图 4-39 和图 4-40）。

（3）幅度变化速率范围为 -1687.2～37 739A/s。其中，图 4-41 和图 4-42 对应瞬时电流幅度变化速率的范围为 -1091.3～37 739A/s；图 4-39 和图 4-40 对应瞬时电流幅度变化速率的范围为 -1687.2～12 130A/s。

4.2.3.3　瞬时功率幅度变化范围与变化速率分析结果

轧钢机在 0～2230s 的幅度变化分析结果如下。

图 4-43 为 0～2230s 内瞬时功率幅度的变化曲线；图 4-44 为 0～200s 内 A 相瞬时功率的波动时间长度曲线，对应的 0～200s 内轧钢机 A 相瞬时功率的幅度波动曲线如图 4-45 所示。

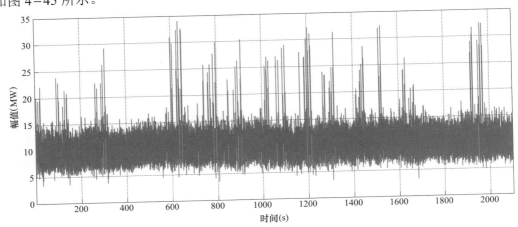

图 4-43　轧钢机 A 相瞬时功率幅度变化曲线

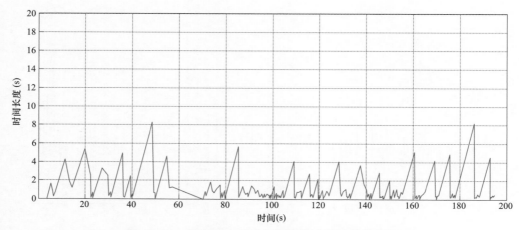

图 4-44 轧钢机 A 相功率幅度波动时间长度曲线

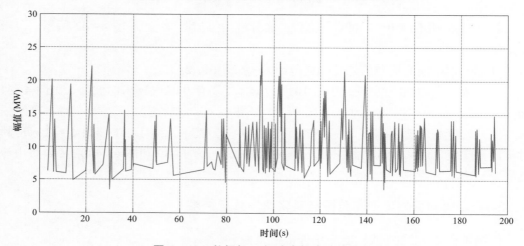

图 4-45 轧钢机 A 相功率幅度波动曲线

轧钢机 A 相瞬时功率 0～2100s 内的幅度变化曲线如图 4-43～图 4-45 所示，分析结果如下：

（1）轧钢机 A 相瞬时功率的波动时间为 0.01～8s，多在 0.01～4s 范围内。

（2）轧钢机 A 相瞬时功率的波动范围为 3.45～34.10MW；变化速率的范围为 -92.67～606.05MW/s，由瞬时功率幅度波动曲线及变化速率可以看出，轧钢机 A 相瞬时功率幅度波动的特点是波动时间短、波动幅度大。

4.2.3.4 三相电流不平衡度分析结果

由于轧钢机的电能计量用电能表采用三相三线制接法，所以只采集了其 A、C 相的电压、电流数据，暂不进行三相电流不平衡度的分析。

4.2.3.5 瞬时电流的游程长度分析结果

经过观察和分析，轧钢机瞬时电流中存在游程长度为 1～5 个工频周期的暂态游程（见图 4-46～图 4-48）、游程长度为 5～50 个工频周期的短时游程（见图 4-49～图 4-51）和游程长度不少于 50 个工频周期的长时游程（见图 4-52 和图 4-53），分别对应负荷瞬时电流的暂态波动、短时波动和长时波动。

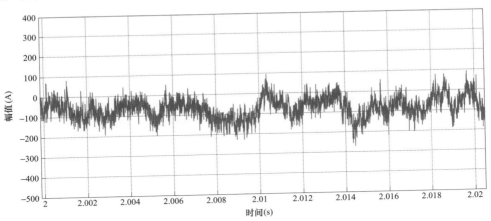

图 4-46　轧钢机 A 相电流 2～2.02s 波形

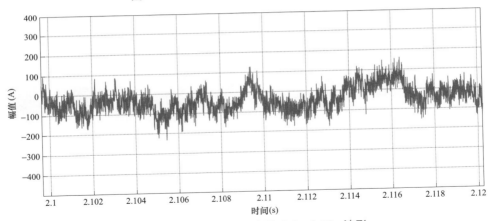

图 4-47　轧钢机 A 相电流 2.1～2.12s 波形

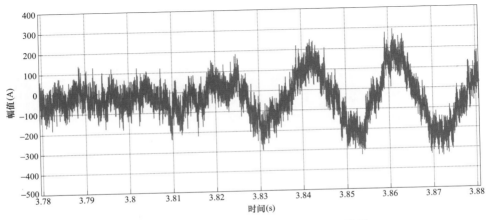

图 4-48　轧钢机 A 相电流 3.78～3.88s 波形

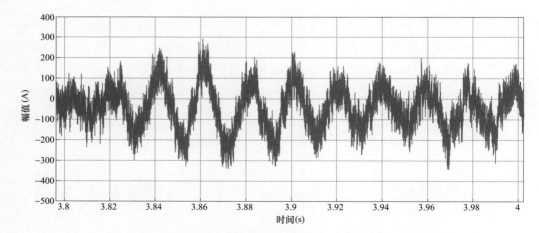

图 4-49　轧钢机 A 相电流 3.8～4.0s 波形

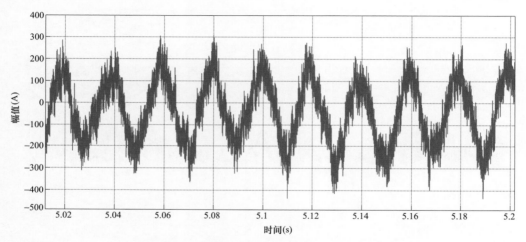

图 4-50　轧钢机 A 相电流 5.02～5.2s 波形

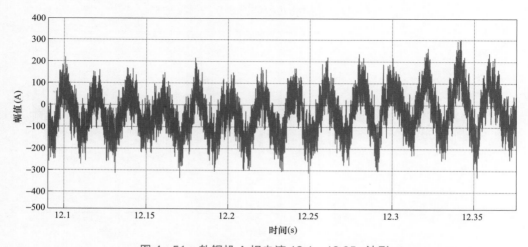

图 4-51　轧钢机 A 相电流 12.1～12.35s 波形

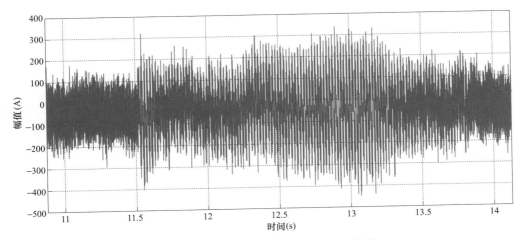

图 4-52　轧钢机 A 相电流 11～14s 波形

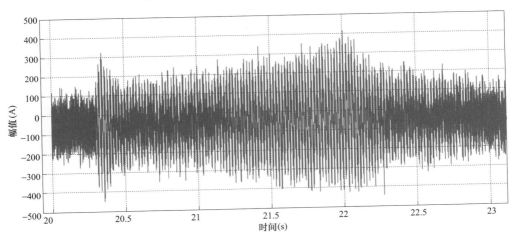

图 4-53　轧钢机 A 相电流 20～23s 波形

4.2.3.6　小结

通过以上轧钢机确定性特征量的分析结果，总结如下：

本书采用 4.2.3.1～4.2.3.5 的分析方法，得出了所确定的幅值时变特性、相位时变特性、基波频率特性、三相电流不平衡度、瞬时电流幅度变化范围与变化速率、瞬时功率幅度变化范围与变化速率和瞬时电流游程长度与变化等 9 个确定性特征量的数值与特性，给出轧钢机的动态特性。

4.2.4　电气化铁路确定性特征量的分析结果（一）

针对河北山海关牵引变电站 2015 年 10 月 22 日的现场采集数据进行确定性特征量分析。采集数据包括 A、B、C 三相的电压和电流，数据时长为 106min，数据大小为 3.88GB。

4.2.4.1 电压与电流基波的幅值时变特性、相位时变特性和基波频率特性分析结果

电气化铁路电压与电流在 0～3180s 内的基波幅值时变特性如图 4-54 及图 4-55 图所示，分析结果如下：

（1）电压基波幅值在 $t=43\mathrm{s}$ 时，达到最小值 $U_{1\_min}=89.88\mathrm{kV}$；在 $t=329\mathrm{s}$ 时，达到最大值 $U_{1\_max}=95.42\mathrm{kV}$；整个时间段的电压均值为 $\overline{U_1}=93.204\,7\mathrm{kV}$，方差为 $\delta(U_1)=0.970\,1$。

（2）电流基波幅值在 $t=2364\mathrm{s}$ 时，达到最小值 $I_{1\_min}=34.58\mathrm{A}$；在 $t=828\mathrm{s}$ 时，达到最大值 $I_{1\_max}=2384.22\mathrm{A}$；整个时间段的电流均值为 $\overline{I_1}=758.19\mathrm{A}$，方差为 $\delta(I_1)=221\,030.78$。

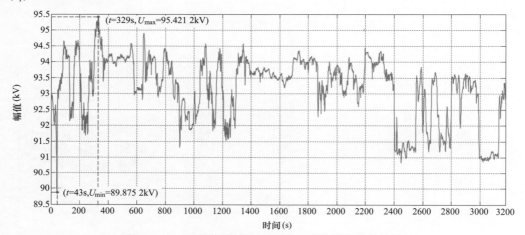

图 4-54　电气化铁路电压 50Hz 基波幅值时变特性

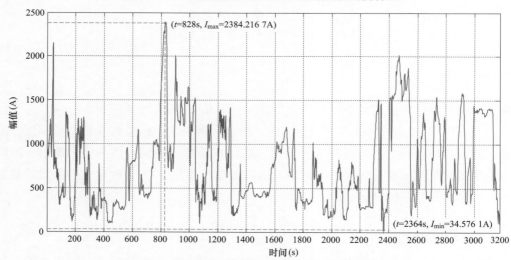

图 4-55　电气化铁路电流 50Hz 基波幅值时变特性

电气化铁路电压与电流在 0～3180s 内的基波相位时变特性如图 4-56 所示，分析结果如下：

（1）电气化铁路电压基波相位变化范围为$-7.47°\sim7.15°$；均值为$\overline{\varphi_0}=-1.29°$；方差为$\delta(\varphi_0)=11.81$；电压基波相位波动幅度较小（$t=3042.050\,3s$时，达到最小值$\varphi_{0\_min}=-7.47°$；$t=572.233\,4s$时，达到最大值$\varphi_{0\_max}=7.15°$）。

（2）电气化铁路电流基波相位变化范围为$-42.13°\sim128.09°$；均值为$\overline{\varphi_0}=8.82°$；方差为$\delta(\varphi_0)=773.89$；电流基波相位波动幅度较大（$t=42.062\,7s$时，达到最小值$\varphi_{0\_min}=-42.13°$；$t=317.351\,1s$时，达到最大值$\phi_{0\_max}=128.09°$）。

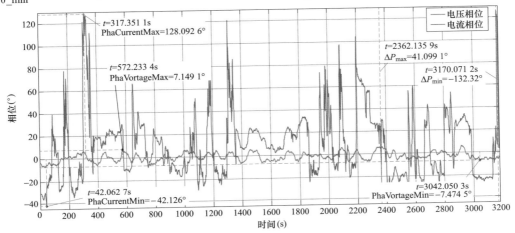

图4-56　电气化铁路电压基波相位与电流基波相位

电气化铁路电压与电流的基波频率特性如图4-57所示，分析结果如下：

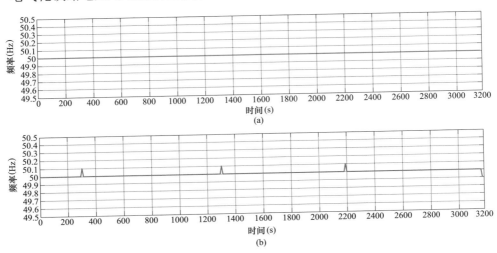

图4-57　电气化铁路基波频率特性

（a）电压；（b）电流

（1）电气化铁路在测量范围内具有稳定的电压基波频率和电流基波频率，电压频率变化范围不超过0.1Hz，电流频率变化范围不超过0.2Hz。

（2）在非线性电力动态负荷的测试信号模型中可认为电压频率不随时间变化，可设置为一常数。

4.2.4.2 瞬时电流幅度变化范围与变化速率分析结果

电气化铁路 A 相电流在 0～3180s 内数据的分析结果如图 4-58 和图 4-59 所示，分析结果如下：

（1）电气化铁路电流的幅度变化范围为 5.12～2470.4A。

（2）幅度波动的时间长度范围为 0.1～40s，电流信号存在短时波动和长时波动。

（3）幅度变化速率范围为 -1288.96～1170.24A/s，幅度波动较快。

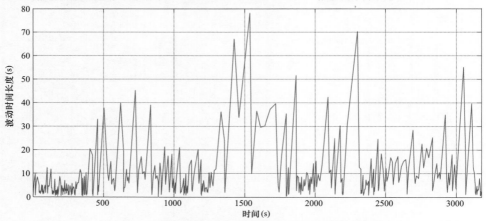

图 4-58　电气化铁路 A 相电流幅度波动的时间长度曲线

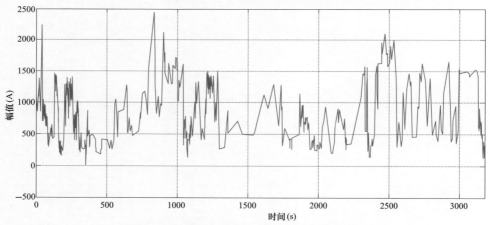

图 4-59　电气化铁路 A 相电流幅度波动曲线

4.2.4.3 瞬时功率幅度变化范围与变化速率分析结果

电气化铁路 A 相瞬时功率在 0～3180s 内幅度的变化曲线如图 4-60 所示，由图可知，上述方法可以分析得到瞬时功率的幅度变化，分析结果如下：

（1）电气化铁路 A 相瞬时功率的波动范围为 0.70～57.40MW，波动范围较大。

（2）瞬时功率变化速率的范围为 -23.24～11.63MW/s，变化速率快。

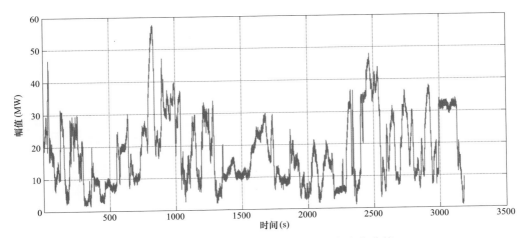

图 4-60　电气化铁路的 A 相瞬时功率变化曲线

4.2.4.4　三相电流不平衡度分析结果

选取电气化铁路三相电流不平衡度分析结果中的 5 组相量图,如图 4-61~图 4-65 所示。

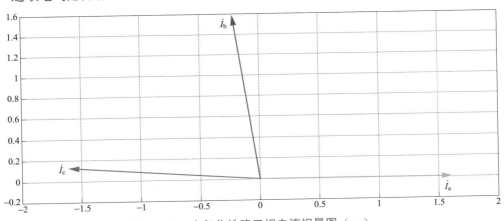

图 4-61　电气化铁路三相电流相量图（一）

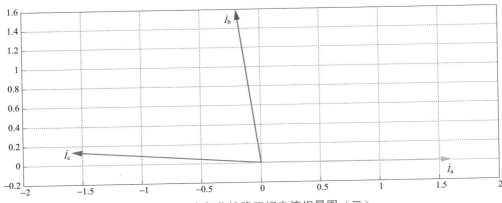

图 4-62　电气化铁路三相电流相量图（二）

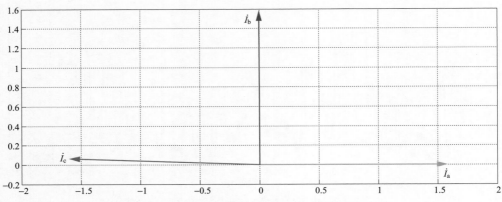

图 4-63　电气化铁路三相电流相量图（三）

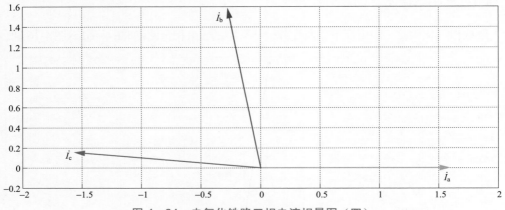

图 4-64　电气化铁路三相电流相量图（四）

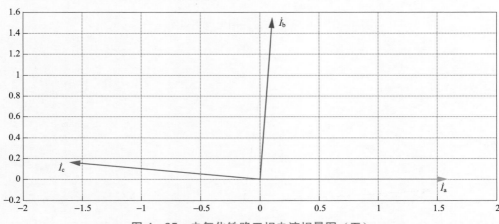

图 4-65　电气化铁路三相电流相量图（五）

由图可知，上述方法可以分析得到三相电流向量关系，分析结果如下：

（1）电气化铁路三相电流有效值不一致，存在三相不平衡现象。

（2）在图4-61～图4-65代表的时间段内，电气化铁路的A、C相电流接入，但A、C相的相位差不是180°，即A、C相电流存在相位差。

（3）三相电流负序不平衡度范围为 $2.63 \times 10^{-2} \sim 6.39 \times 10^{-2}$，零序不平衡度范围为 $2.72 \times 10^{-2} \sim 6.98 \times 10^{-2}$。

4.2.4.5 瞬时电流的游程长度分析结果

通过观察和分析，电气化铁路瞬时电流中存在游程长度不少于50个工频周期的长时游程（见图4-66和图4-67）、游程长度为5～50个工频周期的短时游程（见图4-68～图4-70）和长度为1～5个工频周期的暂态游程（见图4-71）。分别对应负荷瞬时电流的长时波动、短时波动和暂态波动。

如图4-66和图4-67所示，电气化铁路A相电流在42～46s、128～132s区间内发生波动，波动时间大于50个工频周期，为长时波动。

如图4-68～图4-70所示，电气化铁路A相电流在175.1～175.7s和353.55～353.8s、884.96～885.1s等区间内发生波动，波动时间大于5个工频周期，为短时波动。

如图4-71所示，电气化铁路A相电流在2378.66～2378.74s发生波动，时间长度为0.08s，即4个工频周期，为暂态波动。

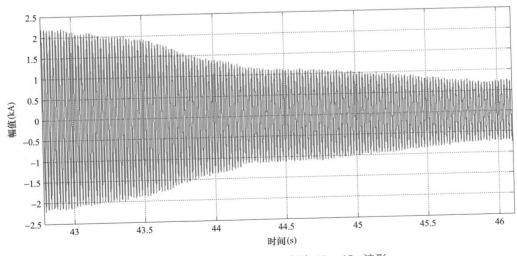

图4-66 电气化铁路A相电流42～46s波形

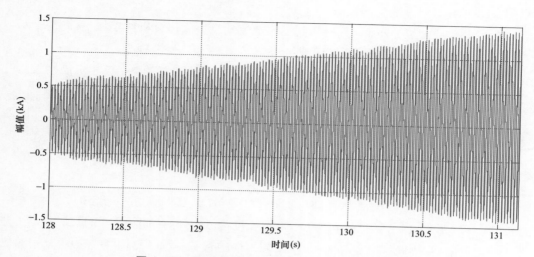

图 4-67 电气化铁路 A 相电流 128~132s 波形

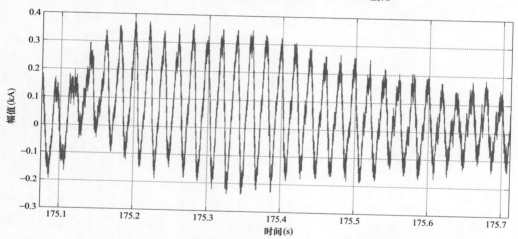

图 4-68 电气化铁路 A 相电流 175.1~175.7s 波形

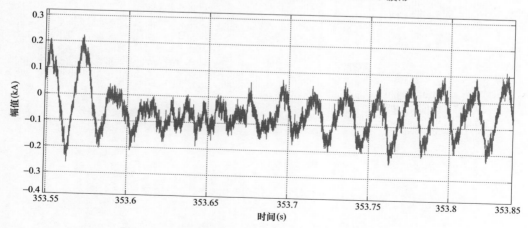

图 4-69 电气化铁路 A 相电流 353.55~353.8s 波形

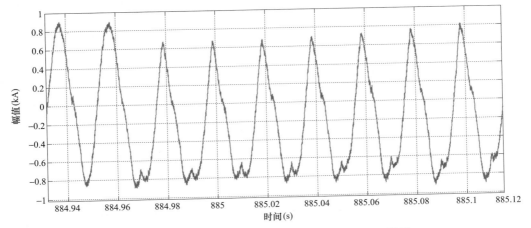

图 4-70　电气化铁路 A 相电流 884.96~885.1s 波形

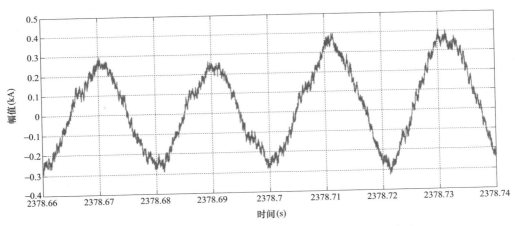

图 4-71　电气化铁路 A 相电流 2378.66~2378.74s 波形

4.2.4.6　小结

通过以上电气化铁路确定性特征量的分析结果，总结如下：

本书采用 4.2.4.1~4.2.4.5 的分析方法，得出了项目确定的幅值时变特性、相位时变特性、基波频率特性、三相电流不平衡度、瞬时电流幅度变化范围与变化速率、瞬时功率幅度变化范围与变化速率和瞬时电流游程长度与变化等 9 个确定性特征量的数值与特性，给出电气化铁路的动态特性。

4.2.5　电气化铁路确定性特征量的分析结果（二）

针对河北秦北牵引变电站的现场采集数据进行确定性特征量分析。采集数据包括 A 相的电压和电流，数据时长为 64.3min，数据大小为 7.2GB。

4.2.5.1 电压与电流基波的幅值时变特性、相位时变特性和基波频率特性分析结果

秦北牵引变电站电压与电流在 0～3859s 内的基波幅值时变特性如图 4−72 及图 4−73 所示，分析结果如下：

（1）电压基波幅值在 $t=1640s$ 时，达到最小值 $U_{1\_min}=156.68kV$；在 $t=3858s$ 时，达到最大值 $U_{1\_max}=160.88kV$；整个时间段的电压均值为 $\overline{U_1}=159.26kV$，方差为 $\delta(U_1)=0.537kV^2$。

（2）电流基波幅值在 $t=1084s$ 时，达到最小值 $I_{1\_min}=4.4A$；在 $t=598s$ 时，达到最大值 $I_{1\_max}=375.332\,4A$；整个时间段的电流均值为 $\overline{I_1}=152.5A$，方差为 $\delta(I_1)=5404.6$。

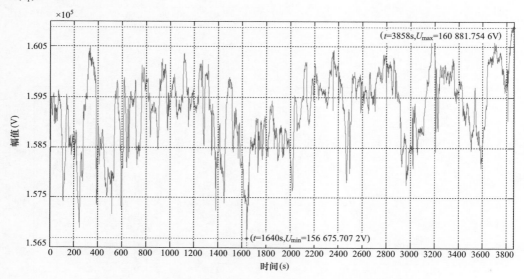

图 4−72　秦北牵引变电站电压 50Hz 基波幅值时变特性

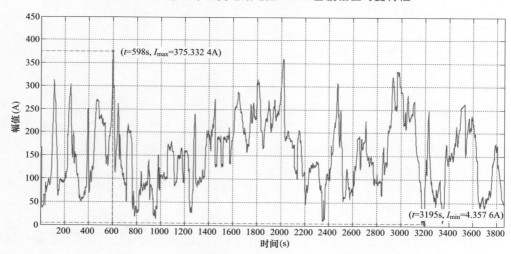

图 4−73　秦北牵引变电站电流 50Hz 基波幅值时变特性

秦北牵引变电站电压与电流在 0~3859s 内的基波相位时变特性和相位差如图 4-74 和图 4-75 所示，分析结果如下：

（1）秦北牵引变电站电压基波相位变化范围为 $-6.70°$～$7.20°$；均值为 $\overline{\varphi_0} = 2.79°$；方差为 $\delta(\varphi_0) = 3.18$；电压基波相位波动幅度较小（$t = 35.088s$ 时，达到最小值 $\varphi_{0\_min} = -6.70°$；$t = 2206.1443s$ 时，达到最大值 $\varphi_{0\_max} = 7.20°$）。

（2）秦北牵引变电站电流基波相位变化范围为 $-47.40°$～$187.23°$；均值为 $\overline{\varphi_0} = 164.6369°$；方差为 $\delta(\varphi_0) = 779.0291$；电流基波相位波动幅度较大（$t = 1470.0508s$ 时，达到最小值 $\varphi_{0\_min} = -47.40°$；$t = 3852.046s$ 时，达到最大值 $\varphi_{0\_max} = 187.23°$）。

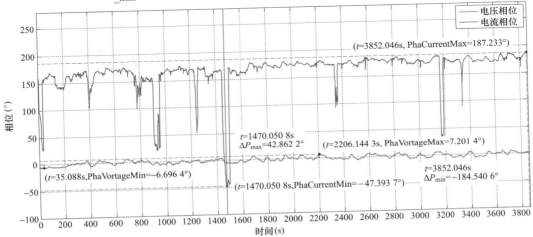

图 4-74　秦北牵引变电站电压与电流基波相位

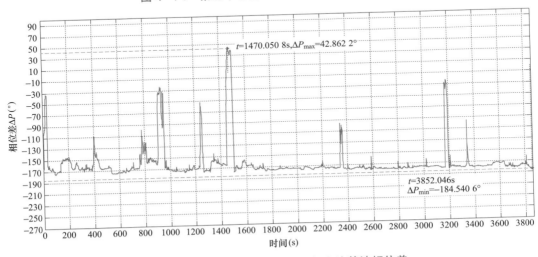

图 4-75　秦北牵引变电站电压与电流基波相位差

秦北牵引变电站电压与电流的基波频率特性如图 4-76 所示，分析结果如下：

（1）秦北牵引变电站在测量范围内具有稳定的电压基波频率和电流基波频率，电压频率变化范围不超过 0.1Hz，电流频率变化范围不超过 0.2Hz。

（2）在非线性电力动态负荷的测试信号模型中可认为电压频率不随时间变化，可设置为一常数。

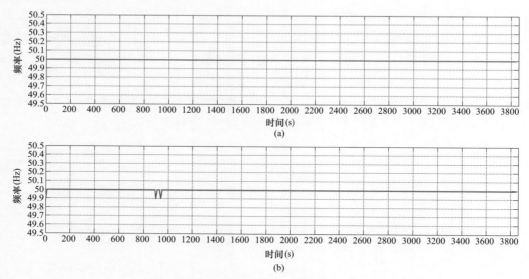

图 4-76 电气化铁路基波频率特性

(a) 电压；(b) 电流

4.2.5.2 瞬时电流幅度变化范围与变化速率分析结果

秦北牵引变电站 A 相电流在 0～3859s 内的数据分析结果如图 4-77 所示，分析结果如下：

（1）秦北牵引变电站的电流幅度变化范围为 43.97～407.90A。

（2）幅度变化速率范围为 -7430.4～3468.0A/s。

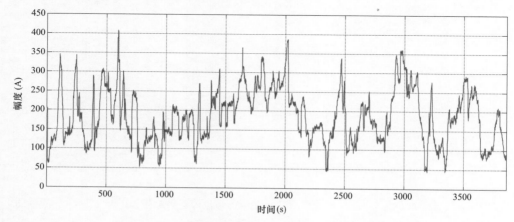

图 4-77 秦北牵引变电站 A 相电流幅度波动曲线

4.2.5.3　瞬时功率幅度变化范围与变化速率分析结果

秦北牵引变电站 A 相瞬时功率在 0~3859s 内幅度的变化曲线如图 4-78 所示，由图可知，上述方法可以分析得到瞬时功率的幅度变化，分析结果如下：

（1）秦北牵引变电站 A 相瞬时功率的波动范围为 0.001 4~31.40MW，波动范围较大。

（2）瞬时功率变化速率的范围为 -1479.68~786.23MW/s，变化速率快。

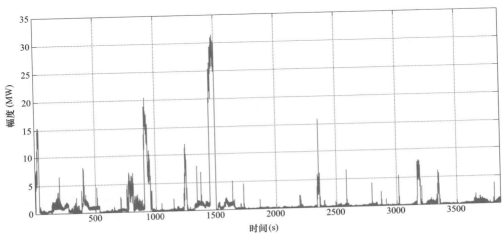

图 4-78　秦北牵引变电站的 A 相瞬时功率变化曲线

4.2.5.4　三相电流不平衡度分析结果

由于秦北牵引变电站采用单相变压器 AT 供电方式，所以暂不分析三相不平衡。

4.2.5.5　瞬时电流的游程长度分析结果

经过观察和分析，秦北牵引变电站 A 相电流中存在游程长度为 1~5 个工频周期的暂态游程、游程长度为 5~50 个工频周期的短时游程和游程长度不少于 50 个工频周期的长时游程，分别对应负荷瞬时电流的暂态波动、短时波动和长时波动。

如图 4-79 所示，秦北牵引变电站 A 相电流在 341.45~341.55s 区间内发生波动，波动时间为 3 个工频周期，为暂态波动；如图 4-80 和图 4-81 所示，A 相电流在 4.5~5.5s、35.1~35.7s 区间内发生波动，波动时间介于 5~50 个工频周期之间，为短时波动；如图 4-82 所示，A 相电流在 2022~2028s 区间内发生波动，波动时间大于 50 个工频周期，为长时波动。

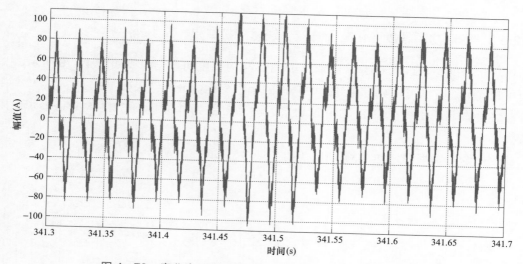

图 4-79　秦北牵引变电站 A 相电流 341.45～341.55s 波形

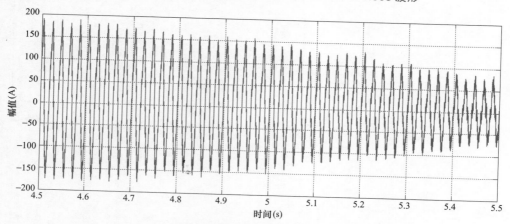

图 4-80　秦北牵引变电站 A 相电流 4.5～5.5s 波形

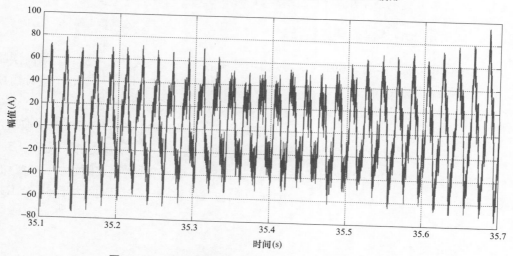

图 4-81　秦北牵引变电站 A 相电流 35.1～35.7s 波形

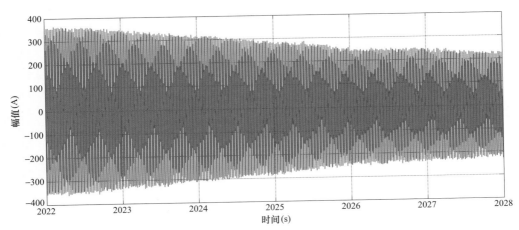

图 4—82　秦北牵引变电站 A 相电流 2022～2028s 波形

4.2.5.6　小结

通过以上电气化铁路确定性特征量的分析结果，总结如下：

本书采用 4.2.5.1～4.2.5.5 的分析方法，得出了项目确定的幅值时变特性、相位时变特性、基波频率特性、三相电流不平衡度、瞬时电流幅度变化范围与变化速率、瞬时功率幅度变化范围与变化速率和瞬时电流游程长度与变化等 9 个确定性特征量的数值与特性，给出电气化铁路的动态特性。

4.2.6　电气化铁路确定性特征量的分析结果（三）

针对河北山海关牵引变电站 2016 年 3 月 28 日下午的现场采集数据进行确定性特征量分析。采集数据包括 A、B、C 三相的电压和电流，数据时长为 55min，数据大小为 7.2GB。

4.2.6.1　电压与电流基波的幅值时变特性、相位时变特性和基波频率特性分析结果

山海关牵引变电站电压与电流在 0～3299s 内的基波幅值时变特性如图 4—83 及图 4—84 所示，分析结果如下：

（1）电压基波幅值在 $t=2548$s 时，达到最小值 $U_{1\_min}=87.3$kV；在 $t=2800$s 时，达到最大值 $U_{1\_max}=94.4$kV；整个时间段的电压均值为 $\overline{U_1}=92.4$kV，方差为 $\delta(U_1)=0.927$kV^2。

（2）电流基波幅值在 $t=2848$s 时，达到最小值 $I_{1\_min}=7.13$A；在 $t=2552$s 时，达到最大值 $I_{1\_max}=417.20$s；整个时间段的电流均值为 $\overline{I_1}=148.09$A，方差为 $\delta(I_1)=4017.0$A^2。

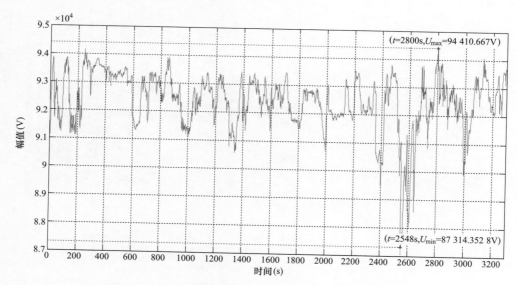

图 4-83　山海关牵引变电站电压 50Hz 基波幅值时变特性

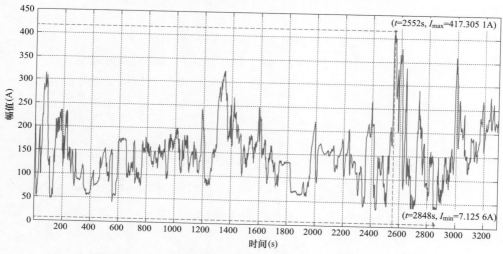

图 4-84　山海关牵引变电站电流 50Hz 基波幅值时变特性

　　山海关牵引变电站的电压与电流在 0～3299s 内基波相位时变特性及相位差如图 4-85 和图 4-86 所示，分析结果如下：

　　（1）山海关牵引变电站的电压基波相位变化范围为 -6.29～7.69°；均值为 $\overline{\varphi_0} = 3.14°$；方差为 $\delta(\varphi_0) = 3.75$；电压基波相位波动幅度较小（$t = 817.013\,2$s 时，达到最小值 $\varphi_{0\_min} = -6.29°$；$t = 2307.137\,7$s 时，达到最大值 $\varphi_{0\_max} = 7.694\,9°$）。

　　（2）山海关牵引变电站的电流基波相位变化范围为 $-21.71°$～$258.95°$；均值为 $\overline{\varphi_0} = -182.18°$；方差为 $\delta(\varphi_0) = 449.09$；电流基波相位波动幅度较大（$t = 2695.811\,5$s 时，达到最小值 $\varphi_{0\_min} = -21.71°$；$t = 2798.109\,8$s 时，达到最大值 $\varphi_{0\_max} = 258.95°$）。

68

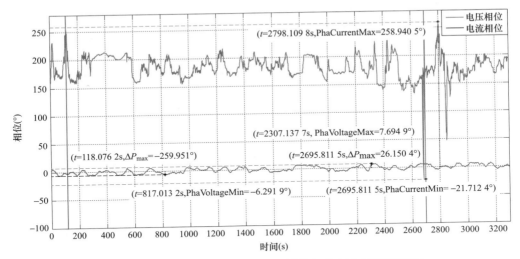

图 4-85　山海关牵引变电站电压基波相位与电流基波相位

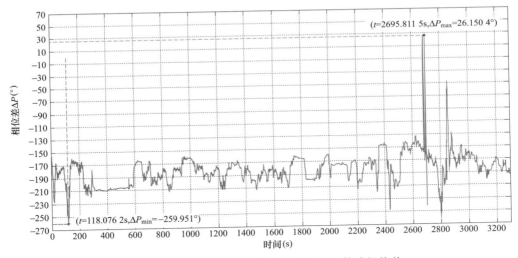

图 4-86　山海关牵引变电站电压与电流基波相位差

山海关牵引变电站电压与电流的基波频率特性如图 4-87 所示，分析结果如下：

（1）山海关牵引变电站在测量范围内具有稳定的电压基波频率和电流基波频率，电压频率变化范围不超过 0.1Hz，电流频率变化范围不超过 0.2Hz。

（2）在非线性电力动态负荷的测试信号模型中可认为电压频率不随时间变化，可设置为一常数。

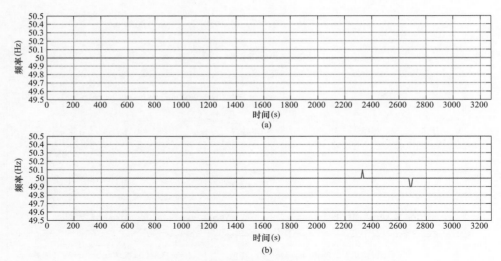

图 4-87 电气化铁路基波频率特性

（a）电压；（b）电流

4.2.6.2 瞬时电流幅度变化范围与变化速率分析结果

山海关牵引变电站 A 相电流在 0～3299s 内的数据分析结果如图 4-88 所示，分析结果如下：

（1）山海关牵引变电站的电流幅度变化范围为 52.06～394.87A。

（2）幅度变化速率范围为 -3466.8～3304.8A/s，幅度波动较快。

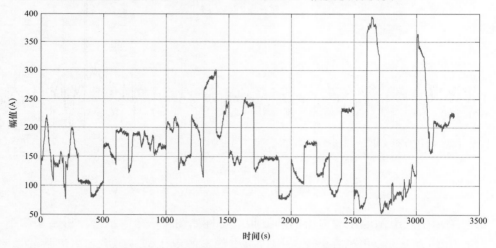

图 4-88 山海关牵引变电站 A 相电流幅度波动曲线

4.2.6.3 瞬时功率幅度变化范围与变化速率分析结果

山海关牵引变电站 A 相瞬时功率在 0～3299s 内幅度的变化曲线如图 4-89 所示，由图可知，上述方法可以分析得到瞬时功率的幅度变化，分析结果如下：

（1）山海关牵引变电站 A 相瞬时功率的波动范围为 0.000 2～8.60MW，波动范围较大。

（2）瞬时功率变化速率的范围为 −220.16～245.69MW/s，变化速率快。

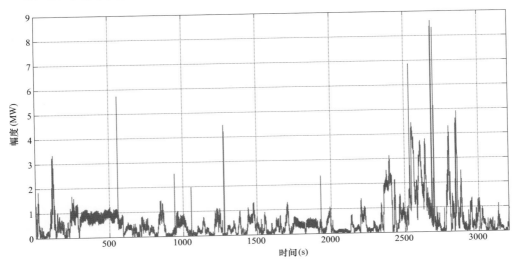

图 4−89　山海关牵引变电站的 A 相瞬时功率变化曲线

4.2.6.4　三相电流不平衡度分析结果

通过对三相电流数据进行分析，计算得出负序、零序不平衡度，并绘制三相电流向量图。选取 0～100s、300～400s 内部分三相电流向量图，分别如图 4−90 和图 4−91 所示。

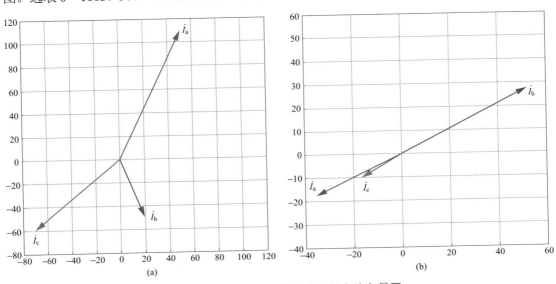

图 4−90　0～100s 电气化铁路三相电流向量图

（a）负序不平衡度；（b）零序不平衡度

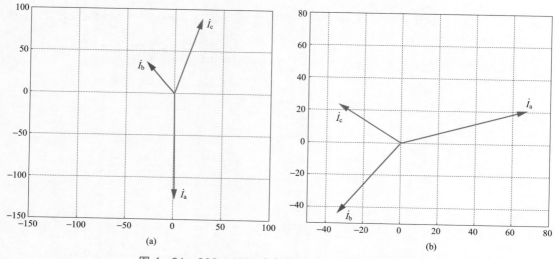

图 4-91 300~400s 电气化铁路三相电流向量图

（a）负序不平衡度；（b）零序不平衡度

4.2.6.5 瞬时电流的游程长度分析结果

经过观察和分析，电气化铁路 A 相电流中存在游程长度为 5~50 个工频周期的短时游程和游程长度不少于 50 个工频周期的长时游程，分别对应负荷瞬时电流的短时波动和长时波动。

如图 4-92 和图 4-93 所示，电气化铁路 A 相电流在时间区间 556.6~557.2s、1930.6~1931.1s 内发生波动，波动时间介于 5~50 个工频周期之间，为短时波动；如图 4-94 和图 4-95 所示，A 相电流在时间区间 349.8~351.4s、2986~2987.5s 内发生波动，波动时间大于 50 个工频周期，为长时波动。

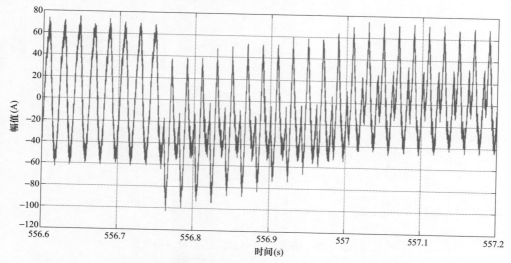

图 4-92 电气化铁路 A 相电流 556.6~557.2s 波形

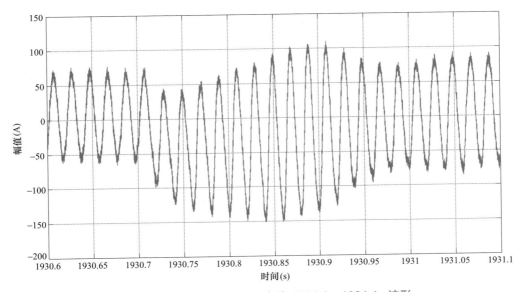

图 4-93　电气化铁路 A 相电流 1930.6～1931.1s 波形

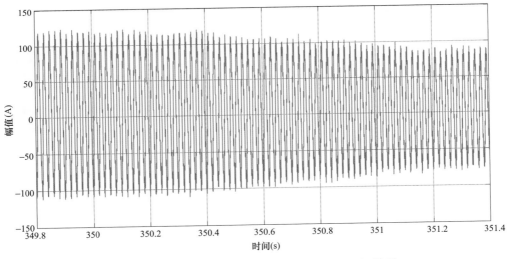

图 4-94　电气化铁路 A 相电流 349.8～351.4s 波形

4.2.6.6　小结

通过以上电气化铁路确定性特征量的分析结果，总结如下：

本书采用 4.2.6.1～4.2.6.5 小节的分析方法，得出了项目确定的幅值时变特性、相位时变特性、基波频率特性、三相电流不平衡度、瞬时电流幅度变化范围与变化速率、瞬时功率幅度变化范围与变化速率和瞬时电流游程长度与变化等 9 个确定性特征量的数值与特性，给出电气化铁路的动态特性。

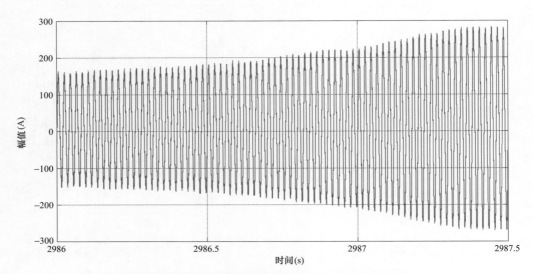

图 4-95 电气化铁路 A 相电流 2986~2987.5s 波形

4.2.7 电气化铁路确定性特征量的分析结果（四）

针对河北山海关牵引变电站 2016 年 3 月 29 日上午的现场采集数据进行确定性特征量分析。采集数据包括 A、B、C 三相的电压和电流，数据时长为 55min，数据大小为 7.2GB。

4.2.7.1 电压与电流基波的幅值时变特性、相位时变特性和基波频率特性分析结果

山海关牵引变电站电压与电流在 0~3299s 内的基波幅值时变特性如图 4-96 及图 4-97 所示，分析结果如下：

（1）电压基波幅值在 $t=856$s 时，达到最小值 $U_{1\_min}=88.44$kV；在 $t=1214$s 时，达到最大值 $U_{1\_max}=94.17$kV；整个时间段的电压均值为 $\overline{U_1}=91.95$V，方差为 $\delta(U_1)=1.461$kV^2。

（2）电流基波幅值在 $t=2085$s 时，达到最小值 $I_{1\_min}=2.56$A；在 $t=856$s 时，达到最大值 $I_{1\_max}=335.41$A；整个时间段的电流均值为 $\overline{I_1}=113.18$A，方差为 $\delta(I_1)=5478.5994$A^2。

山海关牵引变电站电压与电流在 0~3299s 内的基波相位时变特性及相位差如图 4-98 和图 4-99 所示，分析结果如下：

（1）山海关牵引变电站电压基波相位变化范围为 $-6.39°\sim7.57°$；均值为 $\overline{\varphi_0}=2.87°$；方差为 $\delta(\varphi_0)=3.37$；电压基波相位波动幅度较小（$t=137.497$s 时，达到最小值 $\varphi_{0\_min}=-6.39°$；$t=1722.3665$s 时，达到最大值 $\varphi_{0\_max}=7.57°$）。

（2）山海关牵引变电站电流基波相位变化范围为 $-89.04°\sim269.67°$；均值为 $\overline{\varphi_0}=165.91°$；方差为 $\delta(\varphi_0)=1688.15$；电流基波相位波动幅度较大（$t=137.497$s 时，达到最小值 $\varphi_{0\_min}=-89.04°$；$t=1071.1262$s 时，达到最大值 $\varphi_{0\_max}=269.67°$）。

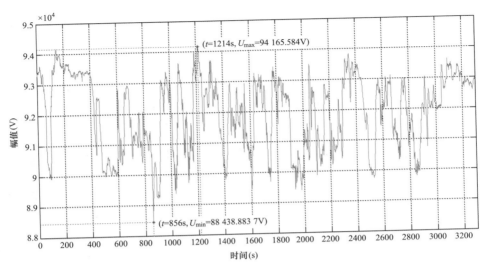

图 4-96　山海关牵引变电站电压 50Hz 基波幅值时变特性

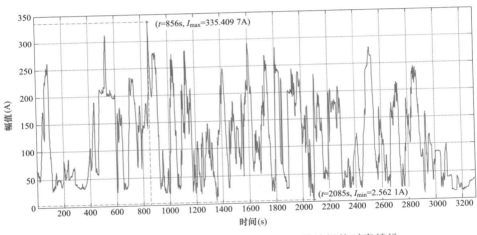

图 4-97　山海关牵引变电站电流 50Hz 基波幅值时变特性

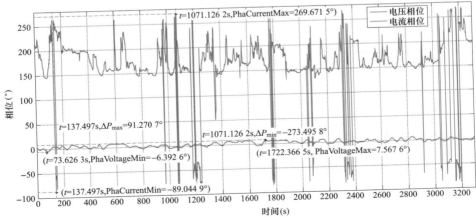

图 4-98　山海关牵引变电站电压基波相位与电流基波相位

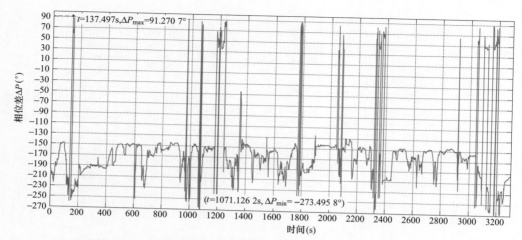

图 4-99　山海关牵引变电站电压基波相位与电流基波相位差

山海关牵引变电站电压与电流的基波频率特性如图 4-100 所示，分析结果如下：

（1）山海关牵引变电站在测量范围内具有稳定的电压基波频率和电流基波频率，电压频率变化范围不超过 0.1Hz，电流频率变化范围不超过 0.2Hz。

（2）在非线性电力动态负荷的测试信号模型中可认为电压频率不随时间变化，可设置为一常数。

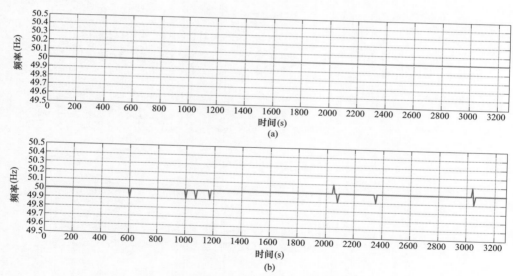

图 4-100　山海关牵引变电站基波频率特性
（a）电压；（b）电流

4.2.7.2　瞬时电流幅度变化范围与变化速率分析结果

山海关牵引变电站 A 相电流 0～3299s 数据分析结果如图 4-101 所示，分析结果如下：

（1）山海关牵引变电站电流幅度变化范围为 23.04～307.10A。

（2）幅度变化速率范围为 −7936.8～7713.6A/s，幅度波动较快。

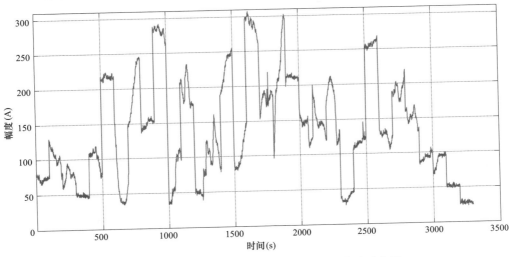

图 4−101　山海关牵引变电站 A 相电流幅度波动曲线

4.2.7.3　瞬时功率幅度变化范围与变化速率分析结果

山海关牵引变电站 A 相瞬时功率在 0～3299s 内幅度的变化曲线如图 4−102 所示，由图可知，上述方法可以分析得到瞬时功率的幅度变化，分析结果如下：

（1）山海关牵引变电站 A 相瞬时功率的波动范围为 0.001 2～11.02MW，波动范围较大。

（2）瞬时功率变化速率的范围为 −149.745～272.015MW/s，变化速率快。

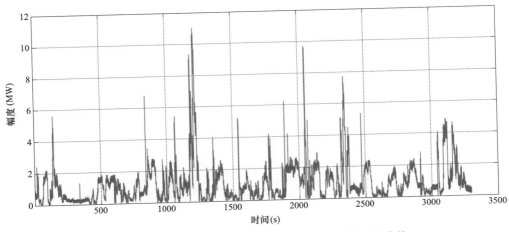

图 4−102　山海关牵引变电站的 A 相瞬时功率变化曲线

4.2.7.4 三相电流不平衡度分析结果

通过对三相电流数据进行分析，计算得出负序、零序不平衡度，并绘制三相电流相量图。选取 1500～1600s 内部分三相电流相量图，如图 4－103 和图 4－104 所示。

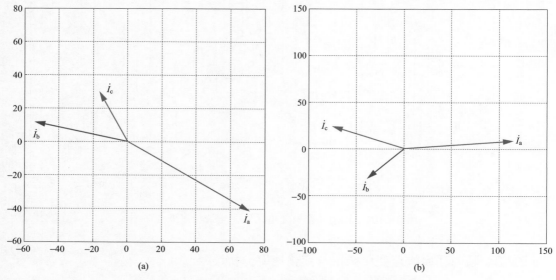

图 4－103 1500～1700s 电气化铁路三相电流相量图
（a）负序不平衡度；（b）零序不平衡度

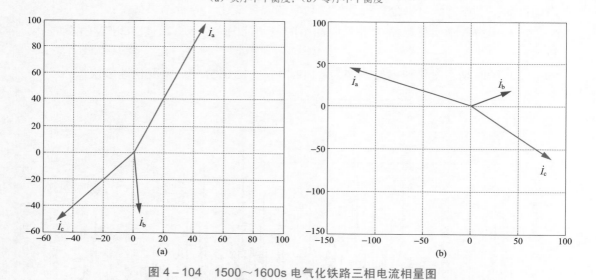

图 4－104 1500～1600s 电气化铁路三相电流相量图
（a）负序不平衡度；（b）零序不平衡度

4.2.7.5 瞬时电流的游程长度分析结果

经过观察和分析，电气化铁路 A 相电流中存在游程长度为 1～5 个工频周期的暂态游程、游程长度为 5～50 个工频周期的短时游程和游程长度不少于 50 个工频周期的长时游程，分别对应负荷瞬时电流的暂态波动、短时波动和长时波动。

如图 4-105 所示，电气化铁路 A 相电流在时间区间 339.085～339.185s 内发生波动，波动时间为 5 个工频周期，为暂态波动；如图 4-106 所示，A 相电流在时间区间 1544.82～1545.06s 内发生波动，波动时间介于 5～50 个工频周期之间，为短时波动；如图 4-107 所示，A 相电流在时间区间 884.5～886.5s 内发生波动，波动时间大于 50 个工频周期，为长时波动。

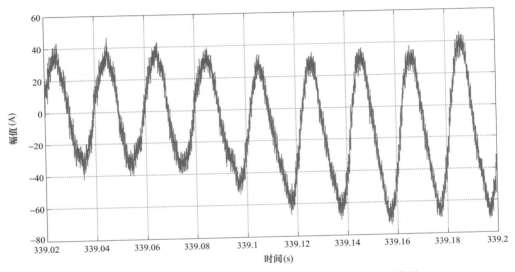

图 4-105　电气化铁路 A 相电流 339.085～339.185s 波形

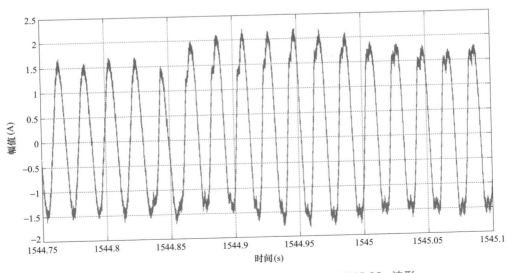

图 4-106　电气化铁路 A 相电流 1544.82～1545.06s 波形

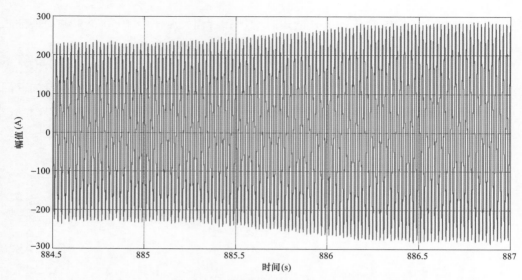

图 4-107   电气化铁路 A 相电流 884.5~886.5s 波形

4.2.7.6   小结

通过以上电气化铁路确定性特征量的分析结果，总结如下：

本书采用 4.2.7.1~4.2.7.5 的分析方法，得出了项目确定的幅值时变特性、相位时变特性、基波频率特性、三相电流不平衡度、瞬时电流幅度变化范围与变化速率、瞬时功率幅度变化范围与变化速率和瞬时电流游程长度与变化等 9 个确定性特征量的数值与特性，给出电气化铁路的动态特性。

4.2.8   电气化铁路确定性特征量的分析结果（五）

针对河北山海关牵引变电站 2016 年 3 月 30 日上午的现场采集数据进行确定性特征量分析。采集数据包括 A、B、C 三相的电压和电流，数据时长为 220min，数据大小为 7.2GB。

4.2.8.1   电压与电流基波的幅值时变特性、相位时变特性和基波频率特性分析结果

山海关牵引变电站电压与电流在 0~13 198s 内的基波幅值时变特性如图 4-108 及图 4-109 所示，分析结果如下：

（1）电压 50Hz 基波幅值在 $t=7648$s 时，达到最小值 $U_{1\_min}=86.55$kV；在 $t=5270$s 时，达到最大值 $U_{1\_max}=95.06$kV；整个时间段的电压均值为 $\overline{U_1}=92.06$kV，方差为 $\delta(U_1)=1.51$kV^2。

（2）电流 50Hz 基波幅值在 $t=13\ 049$s 时，达到最小值 $I_{1\_min}=1.27$A；$t=7648$s 时，达到最大值 $I_{1\_max}=448.69$A；整个时间段的电流均值为 $\overline{I_1}=117.68$A，方差为 $\delta(I_1)=5897.98$A^2。

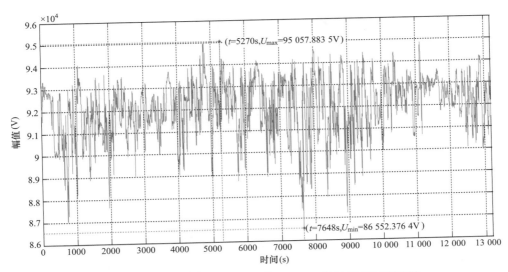

图4-108 山海关牵引变电站电压50Hz基波幅值时变特性

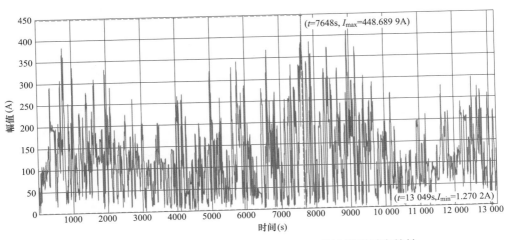

图4-109 山海关牵引变电站电流50Hz基波幅值时变特性

山海关牵引变电站电压与电流在 0~13 198s 内的基波相位时变特性及相位差如图 4-110 及图 4-111 所示分析结果如下:

（1）山海关牵引变电站电压基波的相位变化范围为 $-6.55° \sim 8.51°$；均值为 $\overline{\varphi_0} = 3.13°$；方差为 $\delta(\varphi_0) = 4.13$；电压基波的相位波动幅度较小（在 $t = 728.325s$ 时，达到最小值 $\varphi_{0\_min} = -6.55°$；在 $t = 6234.798\ 2s$ 时，达到最大值 $\varphi_{0\_max} = 8.51°$）。

（2）山海关牵引变电站电流基波的相位变化范围为 $-89.89° \sim 269.65°$；均值为 $\overline{\varphi_0} = 161.16°$；方差为 $\delta(\varphi_0) = 1798.73$；电流基波相位波动幅度较小（在 $t = 4791.812s$ 时，达到最小值 $\varphi_{0\_min} = -89.89°$；在 $t = 1147.622s$ 时，达到最大值 $\varphi_{0\_max} = 269.65°$）。

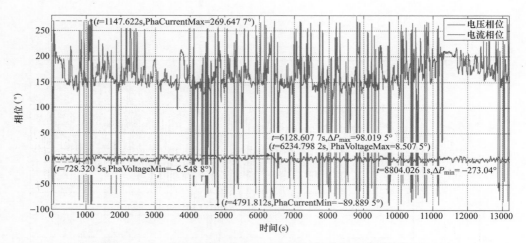

图 4-110　山海关牵引变电站电压基波相位与电流基波相位

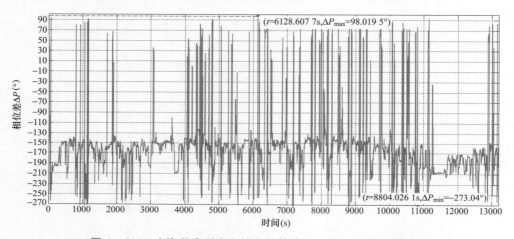

图 4-111　山海关牵引变电站电压基波相位与电流基波相位差

山海关牵引变电站电压与电流的基波频率特性如图 4-112 所示，分析结果如下：

（1）山海关牵引变电站在测量范围内具有稳定的电压基波频率和电流基波频率，电压频率变化范围不超过 0.1Hz，电流频率变化范围不超过 0.2Hz。

（2）在非线性电力动态负荷的测试信号模型中可认为电压频率不随时间变化，可设置为一常数。

4.2.8.2　瞬时电流幅度变化范围与变化速率分析结果

山海关牵引变电站 A 相电流在 0～3200s 内的数据分析结果如图 4-113 所示，分析结果如下：

（1）山海关牵引变电站电流的幅度变化范围为 18.14～401.86A。

（2）幅度变化速率范围为 -7147.2～7065.6A/s，幅度波动较快。

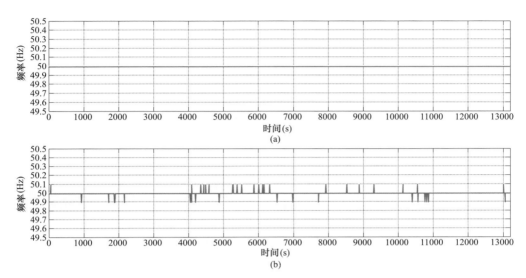

图 4-112 山海关牵引变电站基波频率特性

（a）电压；（b）电流

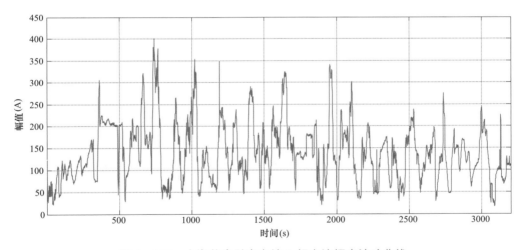

图 4-113 山海关牵引变电站 A 相电流幅度波动曲线

4.2.8.3 瞬时功率幅度变化范围与变化速率分析结果

山海关牵引变电站 A 相瞬时功率在 0～3200s 内幅度的变化曲线如图 4-114 所示，由图可知，上述方法可以分析得到瞬时功率的幅度变化，分析结果如下：

（1）山海关牵引变电站 A 相瞬时功率的波动范围为 0.000 7～11.11MW，波动范围较大。

（2）瞬时功率变化速率的范围为 -480.98～322.41MW/s，变化速率快。

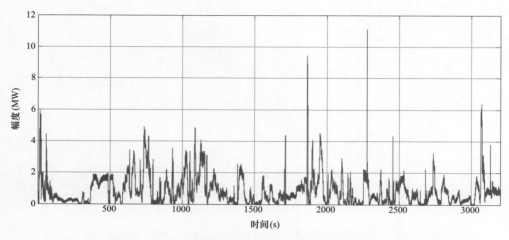

图 4-114　山海关牵引变电站的 A 相瞬时功率变化曲线

4.2.8.4　三相电流不平衡度分析结果

通过对三相电流数据进行分析，计算得出负序及零序不平衡度，并绘制三相电流向量图。选取 0～100s、300～400s 内部分三相电流向量图，分别如图 4-115 和图 4-116 所示。

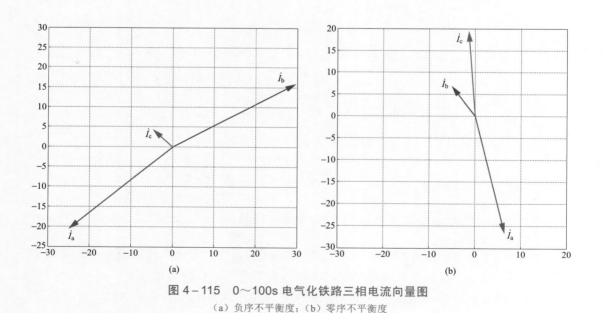

图 4-115　0～100s 电气化铁路三相电流向量图

（a）负序不平衡度；（b）零序不平衡度

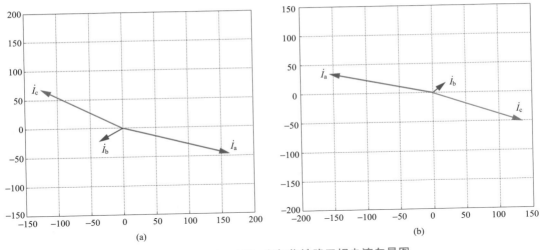

图 4-116　300～400s 电气化铁路三相电流向量图

（a）负序不平衡度；（b）零序不平衡度

4.2.8.5　瞬时电流的游程长度分析结果

经过观察和分析，电气化铁路 A 相电流中存在游程长度为 5～50 个工频周期的短时游程和游程长度不少于 50 个工频周期的长时游程，分别对应负荷瞬时电流的短时波动和长时波动。

如图 4-117 和图 4-118 所示，A 相电流在时间区间 1039.6～1040.3s、1168.5～1169.1s 内发生波动，波动时间介于 5～50 个工频周期之间，为短时波动；如图 4-119 所示，A 相电流在时间区间 1869～1874s 内发生波动，波动时间大于 50 个工频周期，为长时波动。

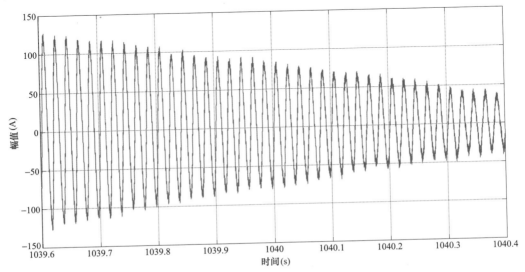

图 4-117　电气化铁路 A 相电流 1039.6～1040.4s 波形

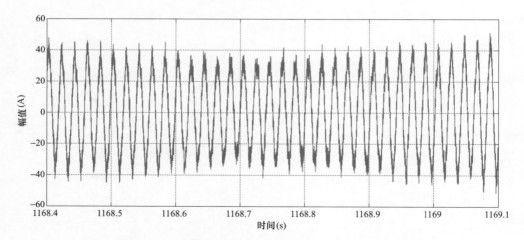

图 4-118　电气化铁路 A 相电流 1168.5～1169.1s 波形

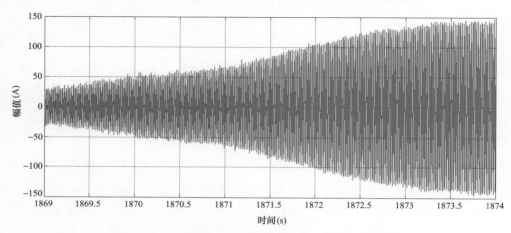

图 4-119　电气化铁路 A 相电流 1869～1874s 波形

4.2.8.6　小结

通过以上电气化铁路确定性特征量的分析结果，总结如下：

本书采用 4.2.8.1～4.2.8.5 的分析方法，得出了项目确定的幅值时变特性、相位时变特性、基波频率特性、三相电流不平衡度、瞬时电流幅度变化范围与变化速率、瞬时功率幅度变化范围与变化速率和瞬时电流游程长度与变化等 9 个确定性特征量的数值与特性，给出电气化铁路的动态特性。

4.3　结论

通过分析和论证，本章确定了动态负荷的幅值时变特性、相位时变特性、频率特性、三相电流不平衡度、瞬时电流幅度变化范围与变化速率、瞬时功率幅度变化范围与变化速率、瞬时电流幅度游程的长度与变化 9 个确定性特征量，给出了 9 个确定性特征量的分析方法。本书基于现场负荷数据分析，对于分布式光伏电源、电弧炉、电气化铁路和轧钢机等典型非线性电力动态负荷的 9 个确定性特征量，得出如下结论。

4.3.1 分布式光伏电源特性分析的结论

（1）电压基波幅值在 319.75～325.16V 范围内变化，幅值变化范围较小。

（2）电压基波相位在 −7.10°～5.80° 范围内变化，电流基波相位在 −8.70°～4.0° 范围内变化，相位变化范围较小。

（3）电压、电流的基波频率变化小于 0.1Hz，动态条件下对频率的影响较小。

（4）电流负序不平衡度在 8.8×10^{-3}～8.67×10^{-2} 范围内，电流零序不平衡度在 6.3×10^{-3}～8.24×10^{-2} 范围内，三相不平衡度变化范围较小。

（5）瞬时电流幅度变化范围为 6.92～18.64A，瞬时电流幅度变化速率可达 9.062A/20ms。

（6）瞬时功率幅度变化范围为 2198.40～6922.89W，瞬时功率幅度变化速率可达 0.021kW/20ms。

（7）电流游程多为长度大于 50 个工频周期的长时游程，存在长度为 1～5 个工频周期的暂态游程和长度为 5～50 个工频周期短时游程。

综合上述对分布式光伏电源确定性特性的分析结果，可确定三个主要的确定性特征量：瞬时电流幅度变化、瞬时功率幅度变化和瞬时电流游程；确定四个次要的确定性特征量：电压基波幅值时变特性、电压电流基波相位时变特性、电压电流基波频率特性和三相电流不平衡度。

4.3.2 电弧炉特性分析的结论

（1）电压基波幅值在 47.92～48.55kV 范围内变化，幅值变化范围较小。

（2）电压基波相位在 −7.41°～7.68° 范围内变化，相位变化范围较小。

（3）电压、电流的基波频率变化不超过 0.1Hz，频率变化范围较小。

（4）负荷电流基波相位在 −112.548 1°～−27.079 2° 范围内变化，电流相位产生很大的变化。

（5）瞬时电流幅度变化范围为 0.8～406.8A，瞬时电流幅度变化速率可达到 9.06A/20ms。

（6）瞬时功率幅度变化范围为 62.97～26 329.12kW，瞬时功率幅度变化速率可达 −0.844kW/20ms 和 +0.261kW/20ms。

（7）瞬时电流游程多为短时游程，存在暂态游程和长时时游程。

综合上述对电弧炉确定性特性的分析结果，可确定四个主要的确定性特征量：电流基波相位、瞬时电流幅度变化、瞬时功率幅度变化和瞬时电流游程，确定三个次要确定性特征量：电压基波幅值时变特性、电压基波相位时变特性和电压电流基波频率特性。

4.3.3　轧钢机特性分析的结论

（1）电压基波幅值在 49.79～51.004kV 范围内变化，幅值变化范围较小。

（2）电压基波相位在 −7.52°～8.52° 范围内变化，相位变化范围较小。

（3）电压基波频率变化不超过 0.1Hz，电流基波频率变化不超过 0.3Hz，动态条件对频率的影响的较小。

（4）电流基波相位在 −179.04°～179.30° 范围内变化，相位变化范围较大。

（5）瞬时电流幅度变化范围为 19.2～617.2A，瞬时电流幅度变化速率可达 −33.744A/20ms 和 754.78A/20ms。

（6）瞬时功率幅度变化范围为 3.45～34.10MW，瞬时功率幅度变化速率可达 −1.853MW/20ms 和 12.121MW/20ms。

（7）瞬时电流游程多为短时游程，存在暂态游程和长时时游程。

综合上述对轧钢机确定性特性的分析结果，可确定四个主要的确定性特征量：电流基波相位时变特性、瞬时电流幅度变化、瞬时功率幅度变化和瞬时电流游程，确定三个次要的确定性特征量：电压基波幅值时变特性、电压基波相位时变特性和电压电流基波频率特性。

4.3.4　电气化铁路特性分析的结论

（1）电压基波幅值在 89.88～95.42kV 范围内变化，幅值变化范围较小。

（2）电压基波相位在 −7.47°～7.15° 范围内变化，相位变化范围较小。

（3）电压、电流的基波频率变化不超过 0.1Hz，动态条件对频率的影响较小。

（4）三相电流负序不平衡度范围为 2.63×10^{-2}～6.39×10^{-2}，零序不平衡度范围为 2.72×10^{-2}～6.98×10^{-2}，三相不平衡度变化范围较小。

（5）电流基波相位在 −42.13°～128.09° 范围内变化，相位变化范围较大。

（6）瞬时电流幅度变化范围为 34.58～2384.22A，瞬时电流幅度变化速率可达 −25.779A/20ms 和 23.405A/20ms。

（7）瞬时功率幅度变化范围为 0.70～57.40MW，瞬时功率幅度变化速率可达 −0.465MW/20ms 和 0.233MW/20ms。

（8）瞬时电流游程多为短时游程，存在暂态游程和长时游程。

综合上述对电气化铁路确定性特性的分析结果，可确定四个主要的确定性特征量：电流基波相位时变特性、瞬时电流幅度变化、瞬时功率幅度变化和瞬时电流游程，确定四个次要的确定性特征量：电压基波幅值时变特性、电压基波相位时变特性、电压电流基波频率特性和相电流不平衡度。

4.3.5　非线性电力动态负荷确定性特性分析的结论

（1）对于非线性电力动态负荷，电压基波幅值时变特性、电压基波相位时变特性、电压基波频率特性不是主要的确定性特征量。

（2）电流基波相位时变特性对于分布式光伏电源不是主要的确定性特征量，对于电弧炉、电气化铁路和轧钢机是主要的确定性特征量。

（3）对于电能计量采用三相四线制的分布式光伏电源、电气化铁路，三相电流不平衡度不是主要的确定性特征量。

（4）通过上述分析可知，瞬时电流幅度变化范围、瞬时电流幅度变化速率、瞬时电流相位变化、瞬时功率幅度变化范围、瞬时功率幅度变化速率、瞬时电流游程长度是反映负荷变化的主要确定性特征参量。因此，该 6 个特征参量是需要主要考虑的特征量；而电压幅度时变特性、频率特性、三相电流不平衡度 3 个确定性特征量是次要特征参量，在进行动态测试信号建模时可以不予考虑。

第5章

典型非线性电力动态负荷信号的随机特性分析

5.1 非线性电力动态负荷信号随机特征参数的研究方法

5.1.1 非线性电力动态负荷信号分析的相关概念与定义

从科学问题的角度来看,电能表动态误差特性测试属于系统动态特性测试问题。而从系统的角度来看,无论控制系统、测量仪表、传感器或测量系统都涉及动态特性的测试与评价问题。动态特性测试的研究包含着三个方面的问题:① 动态测试激励信号的建模;② 测试对象的系统建模;③ 被测对象量值的测量方法。其中,①与②属于信号与系统建模理论的范畴,③则属于测试理论与技术的范畴,三者构成了动态特性的测试方法。而动态特性既包括动态响应特性,还包括动态误差特性等。动态响应特性是被测对象的输入信号随时间发生变化时,输出信号与输入信号之间的响应关系,包括:时域响应特性和频域响应特性;动态误差特性是测量仪表与传感器在动态测量条件下测量域的性能指标,是被测对象动态特性的外在表现,动态误差特性取决于被测对象本身的动态响应特性,也与被测信号的形式有关,如:① 确定性的信号,包括周期性信号(正弦周期信号、复杂周期信号)和非周期性信号(阶跃输入、指数输入、$\delta(t)$ 瞬变输入);② 随机性信号,包括平稳随机信号(各态历经信号、非各态历经信号)和非平稳的随机信号等。

  1. 动态测量

从系统和测量学的角度,电能表是一种特殊的测量系统,完成对功率信号的测量和电能累计计算。按运动状态测量系统可划分为静态测量系统和动态测量系统。静态测量的一般定义为:测量期间被测对象的值可认为是恒定量的测量。对于动态测量,国际计量局(BIPM)、国际电工委员会(IEC)、国际标准化组织(ISO)和国际法制计量组织(OIML)联合制定的《国际通用计量学基本名词》给出的定义为:为确定变量的瞬时值及（或）其随时间变化的特征量所进行的测量。动态测量的核心可归纳为两点：一是认为被测对象的量值（如瞬时值、特征值）或参数在时间域上或者空间域上是变化的；二是与被测对象有关的测量输出量是变化的。

2. 动态电能测量与电能表的动态特性

针对智能电网动态负荷，电能表完成的电能计量属于狭义的动态测量。静态电能测量（也称稳态电能测量）可定义为被测信号的特征值在测量期间处于稳态条件下的测量。动态电能测量可定义为被测信号的特征值在测量期间处于非稳态条件下的测量。这里的被测信号特征值是指被测电压、电流的有效值（或幅值）、频率、相位和谐波的有效值（或幅值）等参量。

电能表的动态特性是指电能表在实现动态测量过程中所应具备的共同特点和性能，包含动态响应特性、动态误差特性及动态启动特性等。电能表动态特性测试是指通过试验的方法对电能表动态特性的确定。

概括以上论述，电能表动态特性测试与两个因素密切相关：① 测试激励信号的形式，即激励信号模型；② 电能表的系统形式与参数，即系统模型。信号模型反映测试的条件和被测对象的特性等外部因素，而系统模型则反映电能表的固有动态特性等内部因素。电能表动态特性的测试需要通过合理的测试信号及其特性指标来完成。

3. 动态负荷、冲击负荷与动态电流

动态负荷（dynamic load）是指电力负荷的功率（如有功功率和无功功率）随着负荷端点电压与/或系统频率变化，以及随着时间变化的用电负荷。

动态负荷特性（dynamic characteristics of load）是指电力负荷从电力系统吸取的有功功率和无功功率随负荷端点的电压、系统频率以及用电时间动态变化的关系。动态负荷特性与每种类型用电设备的典型特性相关，同时亦与影响负荷功率的其他因素相关。动态负荷的主要特征是对功率需求不断变化，且具有很大的随机性。

冲击负荷（impact load）是动态负荷的一种形式，相对于平均负荷功率而言，冲击负荷是短时间功率变化很大的负荷。对于电能计量而言，短时间的含义是指毫秒级至秒级的时间范围。冲击负荷可分为周期性或非周期性两类，其特征是负荷有功功率在短时间内产生突然变化，其峰值可能是其平均负荷的数倍或数十倍。

动态负荷特性随着时间变化可分为：① 小时级变化的动态负荷，如恒温加热负荷等；② 分钟级变化的动态负荷，如有载调压变压器分接头变化等；③ 秒级变化的动态负荷，如感应电动机负荷等；④ 毫秒级变化的电力电子设备负荷等。其中，毫秒级至秒级变化的动态负荷（即冲击负荷）对电能表的误差影响最为严重，是值得认真研究解决的问题。

动态电流（dynamic current）是指电流幅值或初相角发生相对较快变化的电流。幅值变化可分为暂态变化、短时变化和长时变化。相应的动态负荷功率随着时间变化可分为长时变化动态功率模式、短时变化动态功率模式及暂态变化动态功率模式。这三种模式均属于确定型测试激励信号的模式，与此对应还有随机型测试激励信号的模式。

在上述科学问题分析与相关概念定义的基础上，以下给出电能表动态测试激励信号的建模要求。

4. 动态测试激励信号的建模要求

在实际电网中，动态负荷的变化非常复杂，动态负荷电流和功率是一个随机过程。基于此特点与测试计量的要求，建立动态负荷测试电压、电流和功率信号（即动态测试信号）的数学模型必须满足如下4个条件：

（1）模型具有或反映实际动态负荷功率相近的统计特性，能够反映动态负荷功率随机变化的不同模式，即模型具有真实完整性。

（2）模型应当反映实际动态负荷特性本质的因素及其关系，去掉非本质的、对反映客观真实程度影响不大的因素，在保证模型一定精确度的条件下，能够通过测试装置尽可能简单、方便地控制产生动态测试信号，即模型具有代表性，且简明实用。

（3）模型描述的动态测试信号既要动态变化还要具有周期性，保证动态测试信号能遍历到动态负荷随机过程的所有状态，满足电能表动态误差的重复测试和对比的需要，即模型具有循环遍历性。

（4）通过动态测试信号模型，能够建立动态功率条件下的标准电能量值的间接测量模型，能够利用已建立的量值传递体系和仪器设备，实现动态电能量值到静态电能量值的溯源，即模型具备良好的可量测性。

基于以上要求，本章选定具有典型非线性特性的动态负荷：分布式光伏电源、电弧炉、电气化铁路、轧钢机和电动汽车充电桩作为对象，通过对负荷运行过程中采集的数据进行分析，得出非线性电力动态负荷的随机特性参量和典型随机特性，进而建立非线性电力动态负荷的测试信号模型。

目前已经完成分布式光伏电源、电弧炉、电气化铁路、轧钢机四种非线性电力动态负荷的随机特性分析，随机特性参量的确定以及典型随机特性的分析方法如下。

5.1.2 随机过程与随机时间序列分析的理论体系

5.1.2.1 典型非线性电力动态负荷信号的随机过程描述

在本次项目研究中，非线性电力动态负荷现场采集电压、电流（也称信号或数据）具有随机变化的特性。一种有效的方法是用时间 t 对应随机变量 X 来描述，所以可以将非线性电力动态负荷现场采集信号作为一个随机过程（也称为随机信号）来分析处理。

定义：设给定概率空间 (Ω, f, P) 和参数集 $T(\subset R^1)$，若对每一个 $t(\in T)$，都有定义在 (Ω, f, P) 上的一个随机变量 $X(\omega, t)(\omega \in \Omega)$ 与之对应，则称依赖于参数 t 的随机变量族 $\{X(\omega, t), t \in T\}$ 为一随机过程，记为 $\{X(\omega, t), \omega \in \Omega, t \in T\}$，简记为 $\{X(\omega, t), t \in T\}$

或 $\{X_t\}$。

5.1.2.2 典型非线性电力动态负荷信号的随机时间序列描述

本次项目研究中，非线性电力动态负荷现场采集数据是一随机过程，简记为 $\{X(\omega,t),t \in T\}$，T 是参数集，通常 T 取为：

（1）$T=(-\infty,\infty),T=[0,\infty)$；

（2）$Z=\{\cdots,-2,-1,0,1,2,\cdots\}$，$N=\{0,1,2,\cdots\}$。

在实际情况中，由于非线性电力动态负荷现场采集数据的参数集取值符合以上（2）的情况，则将这一随机过程 $\{X(t),t \in Z\}$ 称为随机序列，分别记为 $\{X_t,t \in Z\}$ 或 $\{X_t,t \in N\}$，在参数集已约定的情况下简记为 $\{X_t\}$。在工程技术中，当随机序列的参数集用时间表示时，该随机序列又称为时间序列，而非线性电力动态负荷现场采集的电流、电压数据正是采用一定的采样率对应的时间间隔进行采集的，所以其参数集表示为离散时间，我们将非线性电力动态负荷现场采集电流、电压数据作为一个时间序列进行分析处理。

5.1.2.3 典型非线性电力动态负荷信号的随机过程分解方法

对于一个时间序列可采用如下典型分解形式，表示随机过程的一个实现

$$X_t = m_t + s_t + Y_t \tag{5-1}$$

式中：m_t 是缓慢变化为函数，称为趋势项；s_t 是已知周期为 d 的函数，称为周期项（季节项）；Y_t 是平稳随机噪声项，式（5-1）为随机时间序列的典型分解式。

趋势项 m_t 反映了 X_t 的变化趋势，如按线性函数递增或按指数函数递减等，常常可以用多项式或指数函数来描述。周期项 s_t 反映了 X_t 的周期性变化，例如按年、月、季、日变化等。在本章中，例如电弧炉炼钢每天工人会在固定时间开工炼钢，电气化铁路火车也在每天固定时间运行，所以 24h 就是非线性电力动态负荷的一个典型周期项的准周期时间。

非线性电力动态负荷电流、电压和瞬时功率的随机过程的数学描述为

$$i_K(t) = I_{OK} + I_{SK}(t) + N_{iK}(t) \tag{5-2}$$

$$u_K(t) = U_{SK}(t) + N_{UK}(t) \tag{5-3}$$

$$p_K(t) = P_{OK} + P_{SK}(t) + N_{pK}(t) \tag{5-4}$$

式（5-2）~式（5-4）中：K 表示 a、b、c 三相；I_{OK}、P_{OK} 分别表示电流和瞬时功率的直流分量，该项即为式（5-1）中的趋势项 m_t；$I_{SK}(t)$、$U_{SK}(t)$、$P_{SK}(t)$ 三项即为式（5-1）中的周期项 s_t；$N_{iK}(t)$、$N_{uK}(t)$、$N_{pK}(t)$ 则可认为是式（5-1）中的平稳噪声项 Y_t。

本次项目研究中，首先分析了采集的瞬时电流和瞬时功率信号，该信号存在随机特性；其次去除了趋势项后，分析信号中周期项和平稳噪声项的随机特性；最后分析

了去除趋势项和周期项后，瞬时电流和瞬时功率信号中平稳噪声项的随机特性，具体研究方法见 5.1.3 节。

5.1.2.4 典型非线性电力动态负荷非平稳随机过程中转换为弱平稳随机过程的理论

在本次项目研究中，现场采集的非线性电力动态负荷电压、电流信号（或数据）是一个非平稳随机过程。非平稳随机过程的主要特点是：① 各域（时域、幅域、时差域和频域）信息都随时间 t 变化；② 不是各态历经的。本次项目研究中，非线性电力动态负荷瞬时信号和包络信号采用非平稳随机过程的调制模型来描述，即

$$\overline{X}(t) = g(t)\overline{A}_t \qquad (5-5)$$

式中："—"表示随机函数；$g(t)$ 为变量 t 的某种确定函数，称作随时间变化的观察函数；$\overline{A}_t$ 取作平稳随机过程的一个样本，即为 5.1.2.3 节中所描述的时间序列。

式（5-5）具有明确的物理意义，即把非平稳性归结为确定性函数 $g(t)$，而随机性归结为平稳随机过程 $\overline{A}_t$。

本书中处理非平稳随机过程的方法是把某些非平稳过程经过数据处理后变为平稳过程，然后再用平稳过程的建模方法对它们建模。这种方法具有较强的工程性，能够解决实际问题，可弥补平稳过程建模方法的不足。此外，在本次项目研究中，所建立的动态测试信号模型是一个平稳随机过程，所以在分析非线性电力动态负荷随机特性时，要把非平稳随机过程转换为平稳随机过程，下面给出将非平稳随机过程转化为平稳随机过程需要遵循的准则。

针对多维随机过程：

$$\begin{Bmatrix} \overline{x}_1(t) \\ \overline{x}_2(t) \\ \cdot \\ \cdot \\ \cdot \\ \overline{x}_n(t) \end{Bmatrix} = \begin{bmatrix} \overline{g}_1(t) & & & \\ & \overline{g}_1(t) & & \\ & & \cdot & \\ & & & \cdot \\ & & & & \overline{g}_n(t) \end{bmatrix} \begin{Bmatrix} \overline{a}_1(t) \\ \overline{a}_2(t) \\ \cdot \\ \cdot \\ \cdot \\ \overline{a}_n(t) \end{Bmatrix} \qquad (5-6)$$

设 $[D_X(t)]$ 为向量 $\overline{X}(t)$ 的协方差矩阵，$[D_A(t)]$ 为向量 $\overline{A}_t$ 的协方差矩阵，令 $D_{A_{ii}}(t) = 1$，经过推导可以得出：

$$g_i(t) = \sqrt{D_X(t)_{ii}} \qquad (5-7)$$

$$D_A(t)_{ij} = \frac{D_X(t)_{ij}}{\sqrt{D_X(t)_{ii} D_X(t)_{jj}}} \qquad (5-8)$$

因为 $\dfrac{\mathrm{d}}{\mathrm{d}t}[D_A(t)] = [0]$，由上式可知必有

$$\frac{D_X(t)_{ij}}{\sqrt{D_X(t)_{ii}D_X(t)_{jj}}} = 常数 \qquad (5-9)$$

因此，只有满足上式的非平稳随机过程才能进行平稳化处理，这是将非平稳随机过程进行平稳化处理的准则。对于一维随机过程，式（5-9）恒等于 1，所以一维随机过程总能进行平稳化处理。本次项目研究中，非线性电力动态负荷电流和功率的瞬时信号和包络信号均为一维随机过程，所以由以上准则可知其一定能够变为平稳随机过程。

在本书中，采用差分方法去除非平稳随机过程中的趋势成分和周期成分后就可以将非平稳随机过程变成一个弱平稳随机过程，这样就可以采用平稳随机过程随机特性分析方法来对弱平稳随机过程进行分析，如图 5-1 所示。去除非线性电力动态负荷中趋势项和周期项的，具体研究方法见 5.1.3.3 节。

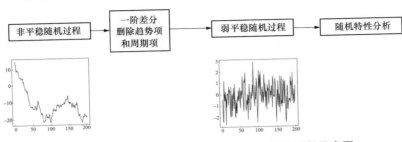

图 5-1 非平稳随机过程转化为弱平稳随机过程示意图

5.1.2.5 典型非线性电力动态负荷信号的弱平稳随机过程的描述

理论上，严平稳随机过程所描述的物理系统要求其概率特征不随时间的推移而改变。这种严平稳过程要求过高，在实际应用中很难使用，因此往往使用弱平稳的概念，即满足如下定义的过程

$$E[X(t)] = 常数 < \infty \qquad (5-10)$$

$$E[x^2(t)] < \infty \qquad (5-11)$$

$$E[x(t_1)x(t_2)] = R_{xx}(t_2 - t_1) \qquad (5-12)$$

这里的 E 表示期望，式（5-10）要求随机过程的集合平均不随时间变化，式（5-11）要求能量有限，式（5-12）要求自相关可以表示为时间差（$m = t_2 - t_1$）的单变量函数，即随机过程的自相关函数只与时延 m 有关，而与起始时间无关。

利用以上性质，便可分析将非线性电力动态负荷瞬时信号和包络信号去除趋势项和周期项后是否变为一个弱平稳随机过程。由于弱平稳的概念可操作性比较强，应用比较广，因此往往简称为平稳随机过程。除非特别说明，本书中平稳概念都是针对随机过程的弱平稳过程。

5.1.3 非线性电力动态负荷随机特性分析方法

5.1.3.1 非线性电力动态负荷随机特征参数

从理论的角度来看，非线性电力动态负荷随机信号（电压、电流、有功功率）具有复杂的随机特性，如何用恰当的特性参量来表示该随机信号的典型随机特征是本书的重点。综合随机信号分析、概率统计、负荷建模的理论分析方法，本书确定了 6 个特征量来表示非线性电力动态负荷随机信号的典型随机特征。

（1）均值：计算电流与功率的瞬时信号和包络信号在每一时间段的均值，表示该时间段瞬时信号的直流分量和包络信号趋势项。

（2）方差：计算电流与功率的瞬时信号和包络信号在每一时间段的方差，可以反映出该段时间内电流与功率信号与其均值的偏离程度。电流和功率的方差越大，表明其波动范围越大，越不稳定。

（3）众数：计算电流、瞬时功率在每一时间段的众数，可以表明该段时间内所占比例最大的电流瞬时值和功率瞬时值。

（4）自相关函数：同一时间信号在瞬时 t 和 $t+m$ 的两个值相乘积的平均值作为延迟时间 m 的函数，表征随机过程在两时刻之间的关联程度，进而表明电流与功率信号随机起伏变化的快慢。

（5）功率谱密度：本书中利用傅里叶变换进行功率谱分析，得到瞬时电流和功率的幅频特性图，表明电流与功率瞬时信号中随机项的频域特性和随机项产生的功率范围。

（6）概率密度函数：表示随机信号落在某点和某个区间的概率，表示电流与功率的包络信号的分布特性。该特征量计算方法见 5.1.3.5 节。

5.1.3.2 非线性电力动态负荷信号去除趋势项的一阶差分方法

针对本次非线性电力动态负荷现场采集数据，在随机特性分析中，首先处理原始数据得出直流分量，再减去该直流分量进而去除趋势项，理论上去除趋势项后负荷的均值为 0；然后，对于原始采集的电流和瞬时功率数据求其均值，若该值不为 0，则该平均值即为直流分量；最后，再用原始数据减去均值即去掉了直流分量，完成趋势项的去除。

5.1.3.3 非线性电力动态负荷信号去除趋势项和周期项研究方法

在本次非线性电力动态负荷现场采集数据的随机特性分析中，将使用差分方法去除时间序列中的趋势项和周期项，一阶差分算法的公式为

$$\nabla X_t = X_t - X_{t-1} = (1 - B)X_t \qquad (5-13)$$

其中 B 是延迟算子，定义为

$$BX_t = X_{t-1}$$ （5-14）

5.1.3.4 均值、方差、众数、自相关函数和功率谱密度的分析方法

本书中定义了三种动态负荷信号模式：暂态动态功率模式、短时动态功率模式、长时动态功率模式，三种动态负荷信号模式的本质是反映动态电流和动态功率信号的随机游程特性，以便充分反映不同种类动态负荷功率典型的动态变化特征，如表 5-1 所示。

表 5-1 动态负荷信号三种模式

动态负荷信号模式	工频周期个数	与之对应的实际动态负荷
暂态动态功率	1~5	毫秒级动态负荷：电力电子装置
短时动态功率	5~50	秒级动态负荷：感应电动机类负荷
长时动态功率	50~500	分钟级和小时级动态负荷：有载调压变压器、恒温负荷等

因为工频周期为 0.02s，选择 10s 信号间隔为 500 个工频周期，可以反映动态负荷功率的暂态模式、短时模式和长时模式，所以以 10s 为间隔将数据进行分段以实现分析处理，即以每 10s 间隔的信号数据作为随机过程的一个实现，所有的 10s 间隔信号数据总体为一个随机过程。

表 5-2 列出了计算均值、方差和众数动态特性参数公式。

表 5-2 随机特性参量的名称和计算公式

随机特性参数	计算公式
均值	$\bar{x} = \dfrac{1}{N} \sum\limits_{i=1}^{N} x_i$
方差	$S^2 = \dfrac{1}{N} \sum\limits_{i=1}^{N} (x_i - \bar{x})^2$
众数	$\mathrm{d} f(x_m) = 0$
自相关函数	$R(m) = \dfrac{1}{N} \sum\limits_{n=0}^{N-|m|-1} x(n)\, x(n+m)$
功率谱密度	$P_{BT}(\omega) = \sum\limits_{m=-M}^{M} R(m)\, \mathrm{e}^{-j\omega m},\ M \leqslant N-1$

对时间序列的均值、方差、众数、自相关函数和功率谱密度五个随机特征量进行分析的方法如图 5-2 所示。

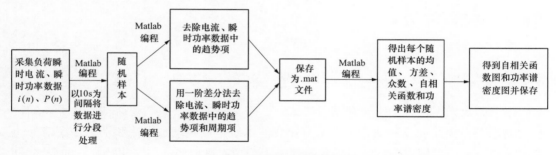

图 5-2 随机特征量分析方法

5.1.3.5 概率密度函数的分析方法

本书中，典型非线性电力动态负荷瞬时电流和有功功率的包络信号都表现为随机过程，本书采用随机样本概率分布估计的方法，研究确定瞬时电流和有功功率的包络的概率密度函数，为动态测试信号建模奠定理论基础。具体方法是，采用直方图拟合曲线的方法求出非线性电力动态负荷瞬时电流和功率的包络信号随机时间序列的概率密度函数，具体步骤如下：

（1）确定数据的范围，即从包络信号随机时间序列 $\{x_i\}$ 中找出最小值 $x_{\min}$ 和最大值 $x_{\max}$，然后选取两个边界点 $[a,b]$，要求 a 稍小于 $x_{\min}$，b 稍大于 $x_{\max}$。将区间 $[a,b]$ 等分为 K 个子区间，其分界点为

$$a = a_0 < a_1 < a_2 < \cdots < a_i < \cdots < a_K = b \tag{5-15}$$

其中

$$h = a_i - a_{i-1} = \frac{b-a}{K}; \ i = 1, 2, \cdots, K \tag{5-16}$$

$h = a_i - a_{i-1}$ 称作组距。通过分析求取直方图组距方法的特点，给出以下组距的求解公式：

$$h \leqslant \left(\frac{686\sigma^3}{5\sqrt{7}N}\right)^{1/3} \approx 3.729\sigma N^{-1/3} \tag{5-17}$$

式中：σ 为样本标准差；N 为样本量。

由式（5-17）求出的 h 即为组距 $a_i - a_{i-1}$ 的值。

（2）统计落入每个子区间内数据的频率 n_i，可计算得到概率密度为

$$f_i = \frac{n_i}{Nh} \tag{5-18}$$

（3）利用 f_i 的值在 $[a_i, a_{i+1}]$ 子区间画出瞬时电流或有功功率的包络信号直方图。

（4）通过连接直方图的中点高（f_i），拟合一条光滑曲线，此曲线可近似表示随机变量 X 的概率密度函数 $f(x)$。

（5）一致渐近正态性的判断。

通过上述方法得出非线性电力动态负荷信号的概率密度函数之后，如何判断动态

负荷随机信号的概率密度分布特性是本书需要解决的另一个难点。采用 Kullback-Leibler 距离检测的方法来判断非线性电力动态负荷是否具有一致渐进高斯分布（正态分布），具体方法如下：

定义 Kullback-Leibler 距离为

$$D(f,g) = \sup_{E \in B^1} \left| P_f(E) - P_g(E) \right| \tag{5-19}$$

$$I(f,g) = \int_s \left[\ln \frac{f(x)}{g(x)} \right] f(x) \mathrm{d}x \tag{5-20}$$

其中，s 是 $f(x)$ 的支撑集，$D(f,g)$、$I(f,g)$ 分别是密度函数 $f(x)$ 和 $g(x)$ 的全变差距离和 Kullback-Leibler 距离，它们之间的关系为

$$D(f,g) \leqslant \sqrt{\frac{I(f,g)}{2}} \tag{5-21}$$

定义一致渐进正态分布：设 $f_n(x)$ 是一个密度函数序列，$g(x)$ 是正态分布 $N(\mu,\sigma^2)$ 的密度函数，当 $n \to \infty$ 时，$D(f,g) \to 0$，则称分布密度函数 $f_n(x)$ 服从一致渐进正态分布 $N(\mu,\sigma^2)$，记作

$$f_n(x) \Rightarrow N(\mu,\sigma^2), (n \to \infty) \tag{5-22}$$

从 $D(f,g)$ 与 $I(f,g)$ 的关系可知，要证明采集获得的动态负荷随机时间序列信号的概率密度分布函数 $f_n(x)$ 是否服从一致渐近正态分布 $N(\mu,\sigma^2)$，仅需要证明当 $n \to \infty$ 时，它们的 Kullback – Leibler 距离趋于 0 即可。

概率密度函数分析方法如图 5-3 所示。

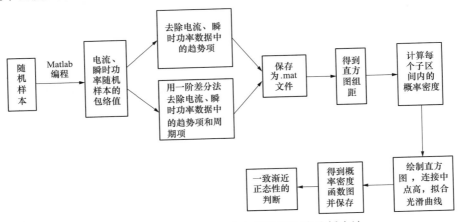

图 5-3 非线性电力动态负荷概率密度分析方法

5.2 典型非线性电力动态负荷（数据）随机特征参数分析结果

采用上述方法，对分布式光伏电源、电弧炉、电气化铁路、轧钢机四种典型非线性电力动态负荷的瞬时电流和瞬时功率动态随机时间序列信号分三种情况进行分析：① 计算其均值、方差、众数、自相关函数和功率谱密度；② 去除四种非线性电力动态负荷随

机时间序列的趋势项,再计算去除趋势项后时间序列的均值、方差、众数、自相关函数
及功率谱密度;③ 同时去四种非线性电力动态负荷随机时间序列的趋势项和周期项,计
算其均值、方差、众数、自相关函数和功率谱密度,反映时间序列中噪声项的随机特性。
通过分析证明了研究方法的可行性和有效性,以下分别说明这三种情况的分析结果。

5.2.1 分布式光伏电源瞬时信号随机特征参数分析结果

    光伏发电有两种并网形式:① 通过中高压线路接入输电网;② 经过低压线路接
入配电网。其中,第 2 种多是农村屋顶光伏电源或城市小规模建筑光伏电源,即分布

式光伏电源(distributed photovoltaic,PV)。
PV 并网系统主要由光伏阵列、逆变器、变
压器和控制系统等组成,如图 5-4 所示。

图 5-4　分布式光伏电源并网系统结构示意图

    PV 接入配电网引起电压波动和电压越
限现象的主要原因是太阳辐照度的变化。周围环境温度一定时,太阳辐照度越强,光伏电
源的输出功率越大,对电网电压的抬升作用越大,光伏接入点的电压就可能超出限值。随
着太阳辐照度的逐渐减弱,光伏电源的输出功率减小,电网电压下降。由于太阳辐照度变
化引起 PV 出力波动或退出(或过高功率)运行时会引起配电线路电压波动和电压越限。

    本书针对河北省固安县孔雀城小区分布式光伏电源并网发电系统的现场采集数据
进行随机特性分析,以 10s 为间隔将数据分段以构成随机样本,随机特性分析主要针
对 A 相电流及瞬时功率。采集数据包括 A、B、C 三相的电压和电流,数据时长为
44min24s,数据大小为 5.95GB,共将数据分成了 266 段,即共有 266 个随机样本。

5.2.1.1　均值、方差、众数的分析结果

1. 负荷瞬时信号分析结果

    对采集到的瞬时电流和瞬时功率信号数据进行随机特性分析,求出其每个随机时
间序列的均值、方差、众数,统计分析结果如图 5-5~图 5-10 所示。

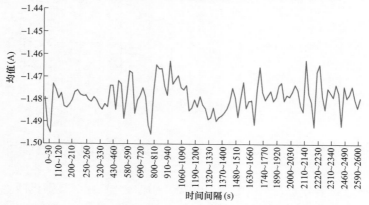

图 5-5　分布式光伏电源 10s 间隔瞬时电流随机样本均值

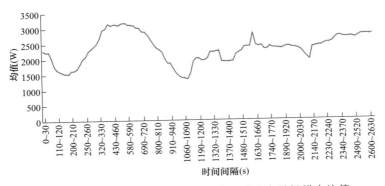

图 5-6 分布式光伏电源 10s 间隔瞬时功率随机样本均值

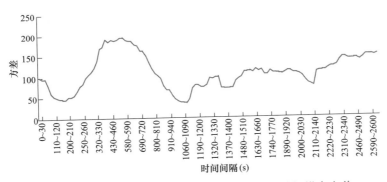

图 5-7 分布式光伏电源 10s 间隔瞬时电流随机样本方差

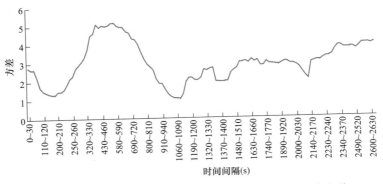

图 5-8 分布式光伏电源 10s 间隔瞬时功率随机样本方差

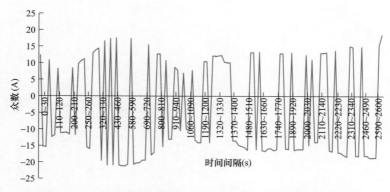

图 5-9 分布式光伏电源 10s 间隔瞬时电流随机样本众数

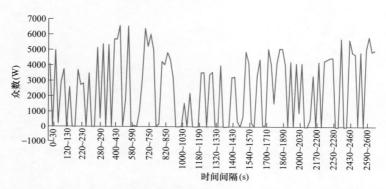

图 5-10 分布式光伏电源 10s 间隔瞬时功率随机样本众数

（1）由图 5-5 和图 5-6 可知，分布式光伏电源瞬时电流和瞬时功率各随机样本的均值均不为 0，说明信号中存在直流分量。

（2）由图 5-7 和图 5-8 可知，瞬时电流各随机样本方差基本为 40～200 间。大概在 430～590s 电流波动较大，在 1060～1090s 电流值波动最小；在 430～590s 瞬时功率值波动最大，在 1060～1090s 瞬时功率值波动最小。

（3）由图 5-9 和图 5-10 可知，瞬时电流各随机样本众数基本集中在 -10～25A 和 5～20A 两个区间内，说明在这两个区间内电流值出现的次数最多。瞬时功率各随机样本众数值主要集中在 0 附近和 3000～6000W 两个区间内。

2. 去除趋势项后分析结果

针对河北省固安县孔雀城小区分布式光伏电源并网电力系统的现场采集数据进行随机特性分析，对瞬时电流和瞬时功率每个随机样本去除趋势项后再进行随机特性分析，求出其每个随机样本的均值、方差、众数，对均值、方差、众数进行统计并绘制折线图，如图 5-11～图 5-16 所示。

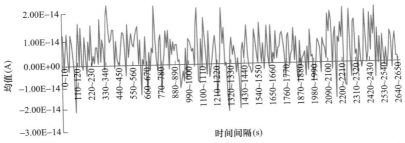

图 5－11　分布式光伏电源 10s 间隔瞬时电流去除趋势项后的随机样本均值

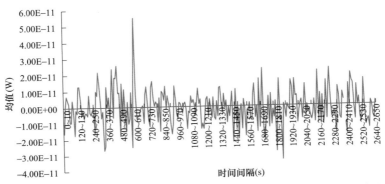

图 5－12　分布式光伏电源 10s 间隔瞬时功率去除趋势项后的随机样本均值

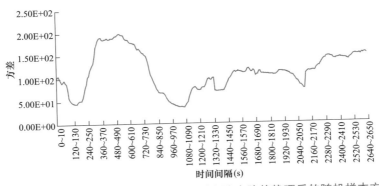

图 5－13　分布式光伏电源 10s 间隔瞬时电流去除趋势项后的随机样本方差

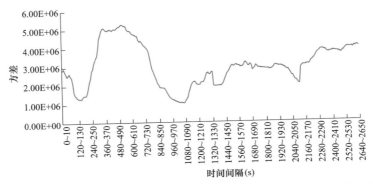

图 5－14　分布式光伏电源 10s 间隔瞬时功率去除趋势项后的随机样本方差

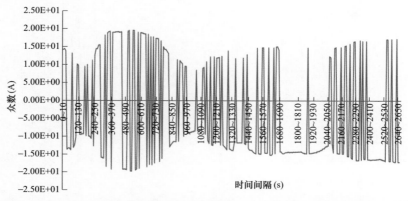

图 5-15　分布式光伏电源 10s 间隔瞬时电流去除趋势项后的随机样本众数

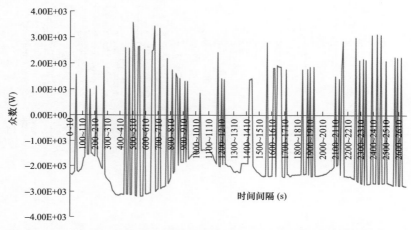

图 5-16　分布式光伏电源 10s 间隔瞬时功率去除趋势项后的随机样本众数

（1）由图 5-11 和图 5-12 可知,瞬时电流和瞬时功率去除趋势项后每个随机样本的均值分别小于 10^{-14} 和 10^{-11} 数量级,可以忽略不计。这也说明,采用 5.1.3.2 节中所描述的非线性电力动态负荷去除趋势项的方法可以有效去除分布式光伏电源瞬时电流和瞬时功率信号中的直流分量。

（2）由图 5-13 和图 5-14 可知,瞬时电流随机样本去除趋势项后方差基本在 5～200 之间。在 500s 左右时方差较大,说明电流波动较大,在 1080～1090s 方差较小,电流值波动最小。通过对比可知,瞬时功率随机样本去除趋势项后的众数统计与图 5-13 瞬时电流去除趋势项后随机样本方差波动基本相同,均是在 500s 左右波动较大,1080～1090s 波动较小。

（3）由图 5-15 和图 5-16 可知,分布式光伏电源瞬时电流各随机样本去除趋势项后众数基本集中在 -10～-20A 和 10～20A 两个区间内,说明在这两个区间内电流值出现的次数最多。瞬时功率各随机样本的众数值主要集中在 -1000～-3000W 和 1000～3000W 两个区间内。

3. 去除趋势项和周期项后分析结果

针对河北省固安县孔雀城小区分布式光伏电源并网系统现场采集信号数据去除趋势项和周期项后的随机样本进行随机特性分析。

（1）由图5-17和图5-18可以看出，瞬时电流去除趋势项和周期项后随机样本的均值小于10^{-4}数量级，瞬时功率去除趋势项和周期项后随机样本的均值为$-0.06\sim0.06$W，可以忽略不计。这表明，采用5.1.3.3节中描述的非线性电力动态负荷去除趋势项和周期项的方法可以有效去除分布式光伏电源瞬时电流和瞬时功率信号中的直流分量。

（2）由图5-19和图5-20可知，瞬时电流去除趋势项和周期项后随机样本的方差在500s左右时最大，表明此时瞬时电流波动最大；在1050s左右方差最小，表明此时瞬时电流波动最小。瞬时功率去除趋势项和周期项后随机样本的方差也在500s左右时最大，表明此时瞬时功率波动最大；在1050s左右方差最小，表明此时瞬时功率波动最小。

（3）由图5-21和图5-22可知，瞬时电流去除趋势项和周期项后随机样本的众数集中在$-0.6\sim0.2$A和$0.2\sim0.6$A两个区间内，说明电流值在这两个区间内出现频率较高。瞬时功率中0W出现较多以及在$-300\sim-100$W区间内出现频率较高。

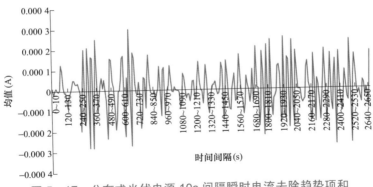

图5-17　分布式光伏电源10s间隔瞬时电流去除趋势项和
周期项后的随机样本均值

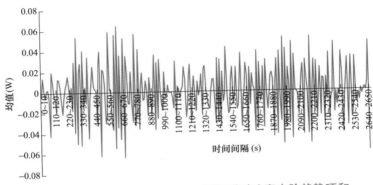

图5-18　分布式光伏电源10s间隔瞬时功率去除趋势项和
周期项后的随机样本均值

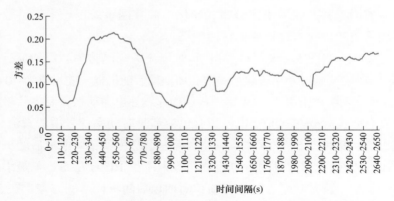

图 5-19　分布式光伏电源 10s 间隔瞬时电流去除趋势项和
周期项后的随机样本方差

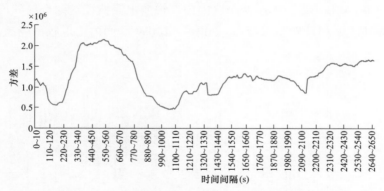

图 5-20　分布式光伏电源 10s 间隔瞬时功率去除趋势项和
周期项后的随机样本方差

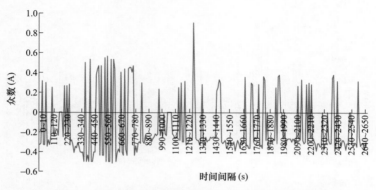

图 5-21　分布式光伏电源 10s 间隔瞬时电流去除趋势项和
周期项后的随机样本众数

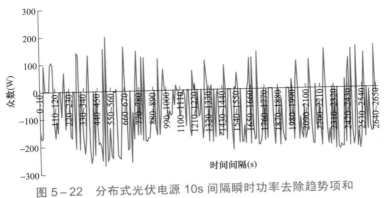

图 5-22　分布式光伏电源 10s 间隔瞬时功率去除趋势项和
周期项后的随机样本众数

5.2.1.2　自相关函数和功率谱密度的分析结果

1. 负荷瞬时信号分析结果

对瞬时电流和瞬时功率的随机样本通过 MATLAB 程序得出其自相关函数和功率谱密度图，共得到近 1070 张图。由于图片数量较大，所以下面只列出 1 个随机样本的自相关函数图和功率谱密度图。

分布式光伏电源 0～10s 间隔瞬时电流随机样本自相关函数和功率谱密度如图 5-23 所示，分布式光伏电源 0～10s 间隔瞬时功率随机样本自相关函数和功率谱密度如图 5-24 所示。

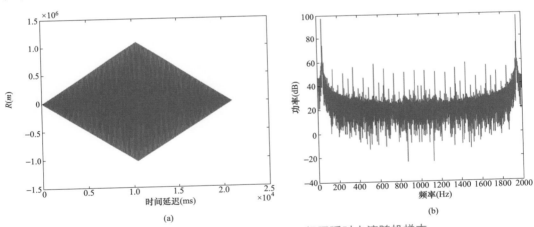

图 5-23　分布式光伏电源 0～10s 间隔瞬时电流随机样本
（a）自相关函数；（b）功率谱密度

由图 5-23 和图 5-24 可知，瞬时电流和瞬时功率随机样本在 50Hz 整数倍的频率值上都会出现一个尖峰频谱，说明信号存在该频率的谐波。

2. 去除趋势项后信号分析结果

对瞬时电流和瞬时功率各随机样本去除趋势项后通过 MATLAB 程序得出其自相关函数图和功率谱密度图，共得到近 1070 张图。由于图片数量较大，所以下面只列出 1 个随机样本的自相关函数图和功率谱密度图。

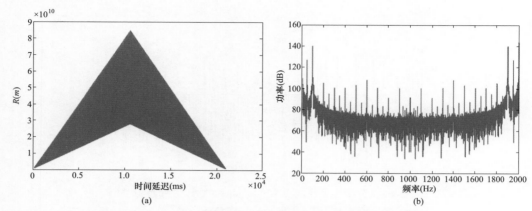

图 5－24　分布式光伏电源 0～10s 间隔瞬时功率随机样本

（a）自相关函数；（b）功率谱密度

　　分布式光伏电源 0～10s 间隔瞬时电流去除趋势项后随机样本自相关函数和功率谱密度如图 5－25 所示，分布式光伏电源 0～10s 间隔瞬时功率去除趋势项后随机样本自相关函数和功率谱密度如图 5－26 所示。

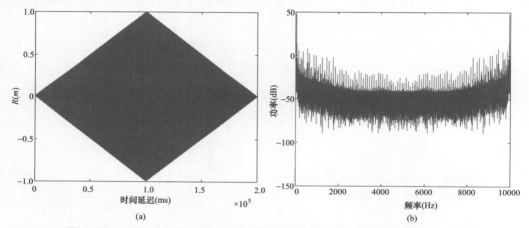

图 5－25　分布式光伏电源 0～10s 间隔瞬时电流去除趋势项后的随机样本

（a）自相关函数；（b）功率谱密度

　　由图 5－25 和图 5－26 可知，瞬时电流和瞬时功率在去除趋势项后仍具有相关性，其功率谱可反映随机样本的幅频特性，随着频率的增加，功率逐渐减小，表明随着谐波次数的增加，谐波含量越来越少。

　　3. 去除趋势项和周期项后分析结果

　　对分布式光伏电源瞬时电流和瞬时功率去除趋势项和周期项后，各随机样本通过 MATLAB 程序得出其自相关函数图和功率谱密度图，共得到近 1070 张图。由于图片数量较大，所以下面只列出 1 个随机样本的自相关函数图和功率谱密度图。

　　分布式光伏电源 0～10s 间隔瞬时电流去除趋势项和周期项后随机样本自相关函数和功率谱密度如图 5－27 所示，分布式光伏电源 0～10s 间隔瞬时功率去除趋势项和周期项后随机样本自相关函数和功率谱密度如图 5－28 所示。

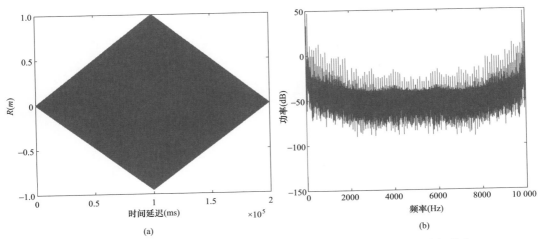

(a)

(b)

图 5-26　分布式光伏电源 0～10s 间隔瞬时功率去除趋势项后的随机样本

（a）自相关函数；（b）功率谱密度

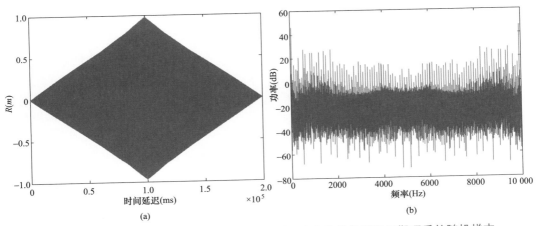

(a)

(b)

图 5-27　分布式光伏电源 0～10s 间隔瞬时电流去除趋势项和周期项后的随机样本

（a）自相关函数；（b）功率谱密度

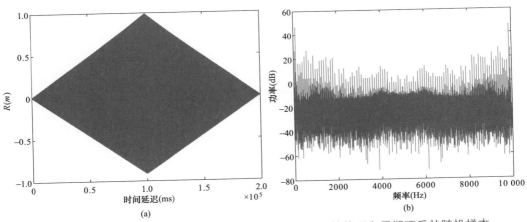

(a)

(b)

图 5-28　分布式光伏电源 0～10s 间隔瞬时功率去除趋势项和周期项后的随机样本

（a）自相关函数；（b）功率谱密度

由图 5－27 和图 5－28 可知,通过瞬时电流和功率去除趋势项和周期项后每个随机样本的自相关函数,可以看出瞬时电流和瞬时功率信号具有相关性,同时也符合 5.1.2.5 节中所描述的弱平稳随机过程的性质,说明分布式光伏电源动态负荷瞬时信号在去除趋势项和周期项后变为一个平稳随机过程。

5.2.1.3 小结

由以上分析可知,采用本书中的随机特性分析方法,能够有效去除分布式光伏电源非线性电力动态负荷瞬时信号中的趋势项和周期项,并且可以求出分布式光伏电源非线性电力动态负荷瞬时电流和瞬时功率信号的均值、方差、众数、自相关函数和功率谱密度五个随机特征参量。瞬时电流和瞬时功率在去除趋势项和周期项后的均值很小,可以忽略不计,瞬时电流去除趋势项后方差为 $0 \sim 200$,瞬时电流同时去除趋势项和周期项后方差为 $0.05 \sim 0.5$,瞬时功率去除趋势项后方差为 $1 \times 10^6 \sim 2.5 \times 10^6$,瞬时功率同时去除趋势项和周期项后方差为 $0.5 \times 10^6 \sim 2.5 \times 10^6$。此外,各随机样本自相关函数图形相近,说明瞬时信号的自相关函数只与时延 m 有关,与起始时间无关,且功率谱密度的能量有限。

5.2.2 电弧炉瞬时信号随机特征参数分析结果

三相电弧炉(简称电弧炉)是利用交流电弧炉产生的热来熔炼金属的一种电炉。电弧炉一般指炼钢电弧炉。

电弧炉是供电电网中很大的负载,而且在运行中经常产生突然的、强烈的冲击电流,导致电网电压快速波动,频率为 $0.1 \sim 30$Hz。特别是频率在 $1 \sim 10$Hz 之间的电压波动会引起照明白炽灯和电视画面的闪烁,使人们感到烦躁,这类干扰称之为闪烁或闪变。电弧炉负荷的功率因数较低,而且变化较大,在电极短路时约为 $0.1 \sim 0.2$,额定运行时约为 $0.7 \sim 0.8$。交流电弧炉电流在炼钢过程中会产生非正弦畸变和各次谐波,对电网造成干扰。电弧炉的谐波电流成分主要为 $2 \sim 7$ 次,其中 2、3 次最大,其平均值可达基波分量的 $5\% \sim 10\%$。电弧炉在任何时刻的动态特性与电弧炉在当时的工作条件以及前时刻的工作条件有关。电流的突然改变,并不会导致电弧特性的迅速改变,电弧的改变是缓慢发生的。换句话说,电弧的动态特性具有滞后现象。电弧炉的时间响应受到电极位置、电弧长度、外电路拓扑结构等影响。

本书针对秦皇岛某公司一号电弧炉现场采集数据进行随机特性分析,分析过程中将数据以 10s 为间隔进行分段,共得到 223 段数据,即共得到 223 个随机样本。

5.2.2.1 均值、方差、众数的分析结果

1. 去除趋势项后分析结果

针对电弧炉瞬时电流和瞬时功率去除趋势项,并对去除趋势项后的随机样本计算

均值、方差、众数,将各随机样本期望、方差、众数进行统计并绘制折线图,如图 5-29～图 5-34 所示。

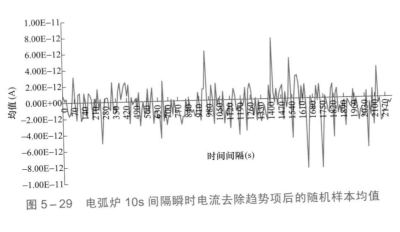

图 5-29　电弧炉 10s 间隔瞬时电流去除趋势项后的随机样本均值

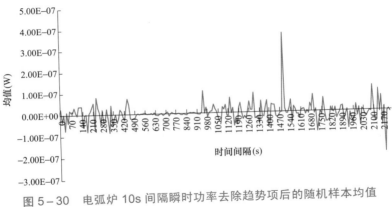

图 5-30　电弧炉 10s 间隔瞬时功率去除趋势项后的随机样本均值

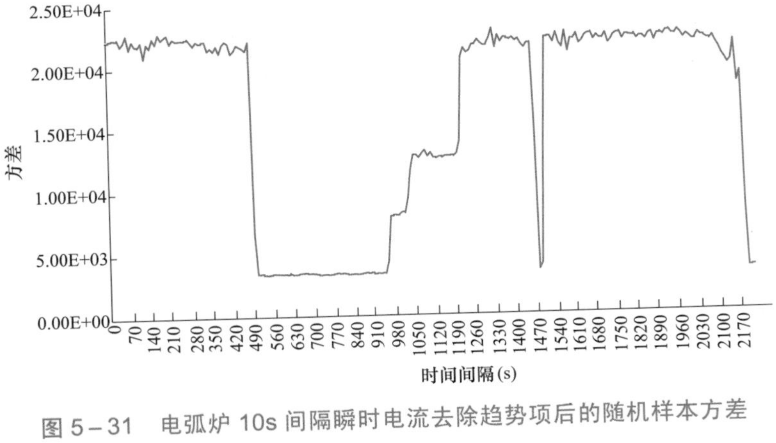

图 5-31　电弧炉 10s 间隔瞬时电流去除趋势项后的随机样本方差

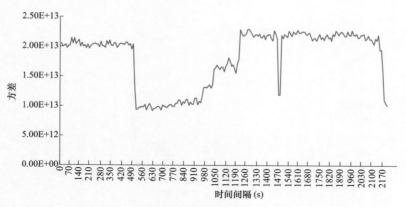

图 5－32　电弧炉 10s 间隔瞬时功率去除趋势项后的随机样本方差

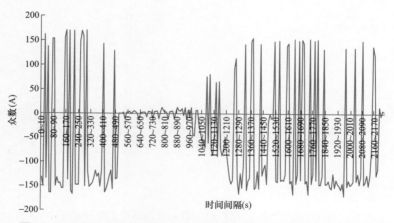

图 5－33　电弧炉 10s 间隔瞬时电流去除趋势项后的随机样本众数

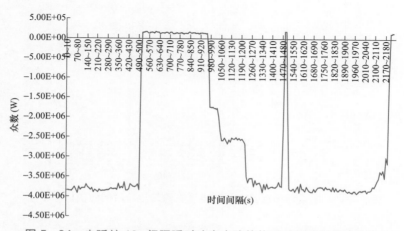

图 5－34　电弧炉 10s 间隔瞬时功率去除趋势项后的随机样本众数

（1）由图 5-29 和图 5-30 可知，瞬时电流和瞬时功率去除趋势项后每个随机样本的均值分别小于 10^{-14} 和 10^{-11} 数量级，可以忽略不计。这表明采用 5.1.3.2 节中的非线性电力动态负荷信号去除趋势项的方法具有可行性和有效性。

（2）由图 5-31 和图 5-32 可知，电弧炉瞬时电流去除趋势项后各随机样本在 0～500s、1200～1500s 和 1520～2100s 三个时间段方差值稳定，达到了最大值，说明这三个时间段内瞬时电流的波动最大，而在 510～1000s 内方差最小，说明此时间段内瞬时电流波动最小。瞬时功率的方差特性在 0～500s、1200～1500s 和 1520～2100s 时间段内与瞬时电流的波动特点相同。

（3）由图 5-33 和图 5-34 可知，瞬时电流去除趋势项后随机样本的众数值集中在 -150A、150A 及 0A 附近，表明这三个区间内电流值出现的次数最多。瞬时功率各随机样本众数主要集中在 -3 800 000W 附近和 100 000W 附近。

2. 去除趋势项和周期项后分析结果

针对秦皇岛某公司一号电弧炉现场采集的电压、电流信号数据进行随机特性分析，已完成的工作包括对瞬时电流和瞬时功率随机时间序列去除趋势项和周期项，并对去除趋势项和周期项后的随机样本计算均值、方差、众数。

（1）由图 5-35 和图 5-36 可知，瞬时电流去除趋势项和周期项后各随机样本均值小于 10^{-4} 数量级，均值基本为 0，说明 5.1.3.2 节中的非线性电力动态负荷去除趋势项和周期项的方法可以有效去除电弧炉瞬时电流中的直流分量。瞬时功率均值中瞬时功率的范围为 -20～30W。

（2）由图 5-37 和图 5-38 可知，瞬时电流和瞬时功率去除趋势项和周期项后随机样本方差波动的形状基本相同，都是在 10～20s 时方差值最大，说明此时瞬时电流和瞬时功率波动最大。

（3）由图 5-39 和图 5-40 可知，瞬时电流和瞬时功率去除趋势项和周期项后众数均为 0。

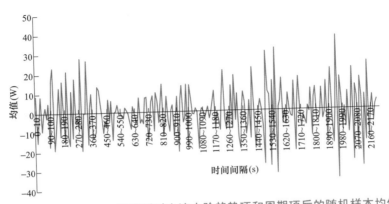

图 5-35　电弧炉 10s 间隔瞬时电流去除趋势项和周期项后的随机样本均值

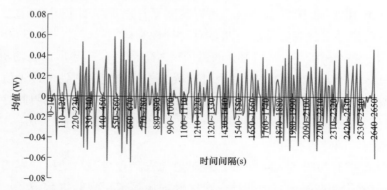

图 5-36　电弧炉 10s 间隔瞬时功率去除趋势项和周期项后的随机样本均值

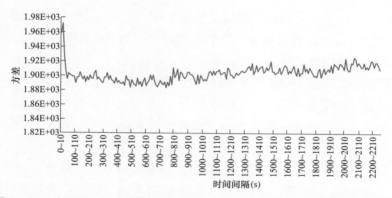

图 5-37　电弧炉 10s 间隔瞬时电流去除趋势项和周期项后的随机样本方差

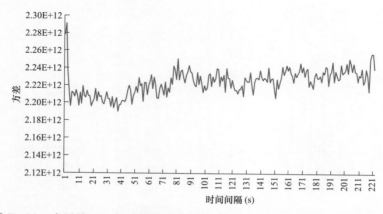

图 5-38　电弧炉 10s 间隔瞬时功率去除趋势项和周期项后的随机样本方差

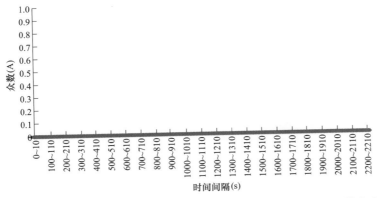

图 5 - 39　电弧炉 10s 间隔瞬时电流去除趋势项和周期项后的随机样本众数

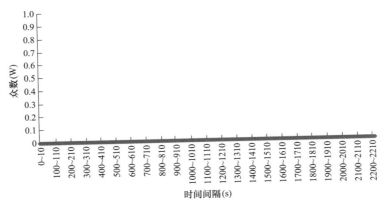

图 5 - 40　电弧炉 10s 间隔瞬时功率去除趋势项和周期项后的随机样本众数

5.2.2.2　自相关函数和功率谱密度的分析结果

1. 去除趋势项后分析结果

对电弧炉瞬时电流和瞬时功率去除趋势项后的随机样本通过 MATLAB 程序得出其自相关函数图和功率谱密度图，共得到近 900 张图。由于图片数量较大，所以下面只列出 1 个随机样本的自相关函数图和功率谱密度图。

电弧炉 100～110s 间隔瞬时电流去除趋势项后随机样本自相关函数和功率谱密度如图 5 - 41 所示，电弧炉 100～110s 间隔瞬时功率去除趋势项后随机样本自相关函数和功率谱密度如图 5 - 42 所示。

由图 5 - 41 和图 5 - 42 可知，瞬时电流和瞬时功率在去除趋势项后具有相关性，而其功率谱则反映了随机样本的幅频特性。从以上功率谱密度图中可以看出，在低频部分功率值较大，随着频率的增加，幅值逐渐减小，并基本保持不变。

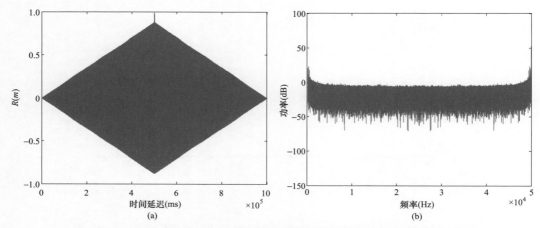

图 5-41　电弧炉 0~10s 间隔瞬时电流去除趋势项后的随机样本

（a）自相关函数；（b）功率谱密度

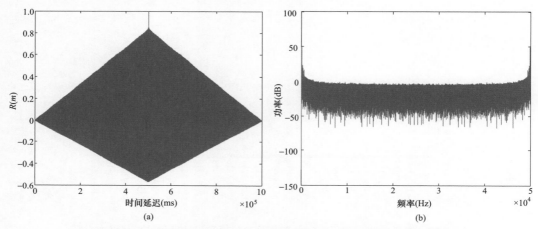

图 5-42　电弧炉 0~10s 间隔瞬时功率去除趋势项后的随机样本

（a）自相关函数；（b）功率谱密度

2. 去除趋势项和周期项后分析结果

针对电弧炉瞬时电流和瞬时功率去除趋势项和周期项后各随机样本通过 MATLAB 程序得出其自相关函数图和功率谱密度图，共得到近 1070 张图。由于图片数量较大，所以下面只列出 1 个随机样本的自相关函数图和功率谱密度图。

电弧炉 0~10s 间隔瞬时电流去除趋势项和周期项后的随机样本自相关函数和功率谱密度如图 5-43 所示。电弧炉 0~10s 间隔瞬时功率去除趋势项和周期项后的随机样本自相关函数和功率谱密度如图 5-44 所示。

自相关函数表征随机过程在两时刻之间的关联程度，反映了随机过程起伏变换的快慢。由图 5-43 可知，电弧炉瞬时电流和瞬时功率信号（时间序列）在去除趋势项和周期项后的自相关性很小，说明电弧炉瞬时电流和瞬时功率去除趋势项和周期项后随机序列起伏变化较快。图 5-44 则表明功率谱随着频率的增加功率变化较小。此外，每个随机样本的均值基本为 0，不随时间的变化而变化，且自相关函数符合弱平稳随机过程的性质。

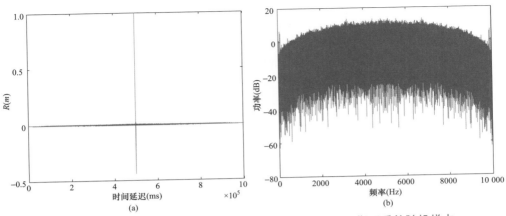

图 5-43　电弧炉 0~10s 间隔瞬时电流去除趋势项和周期项后的随机样本
（a）自相关函数；（b）功率谱密度

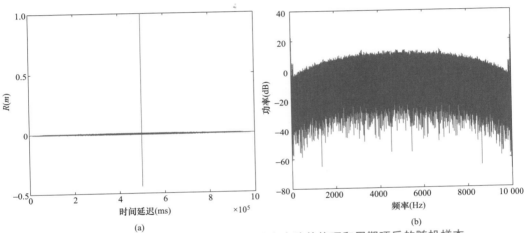

图 5-44　电弧炉 0~10s 间隔瞬时功率去除趋势项和周期项后的随机样本
（a）自相关函数；（b）功率谱密度

5.2.2.3　小结

由以上分析可知，本书中的随机特性分析方法，能够有效去除电弧炉非线性电力动态负荷瞬时信号中的趋势项和周期项，并且可以求出电弧炉非线性电力动态负荷瞬时电流和瞬时功率信号的均值、方差、众数、自相关函数和功率谱密度五个随机特征参量。瞬时电流和瞬时功率在去除趋势项和周期项后的均值很小，可以忽略不计，瞬时电流去除趋势项后的方差为 $4 \times 10^{3} \sim 2.5 \times 10^{4}$，瞬时电流同时去除趋势项和周期项后的方差为 $1.88 \sim 1.98$，瞬时功率去除趋势项后的方差为 $1 \times 10^{13} \sim 2.5 \times 10^{13}$，瞬时功率同时去除趋势项和周期项后的方差为 $2.1 \times 10^{-12} \sim -2.5 \times 10^{-12}$。此外，各随机样本自相关函数图形相近，说明瞬时信号自相关函数只与时延 m 有关，与起始时间无关，且功率谱密度的能量有限。

5.2.3　轧钢机瞬时信号随机特征参数分析结果

现代大型轧钢厂的调速轧机与传动装置均是用晶闸管供电的直流电机，电机与轧机装机容量都很大。晶闸管整流供电技术是目前轧钢厂普遍采用的先进技术，它使用方便，高效节能，轧钢时电流变化较大，即有冲击电流出现。用晶闸管调速轧钢情况下，轧钢周期中电流变化最快，在较短的时间里电流由空载值变到最大值持续约为 1s（1s内电流有效值也在变化）。然后电流减少至空载值，并且持续 2.5～3s，然后又开始几个轧钢周期，每个周期负荷变化情况和之前轧钢周期基本一样，负荷变化幅度逐渐减小，直到一块钢板轧完为止。

本书针对秦皇岛某公司二号轧钢机现场采集的电压和电流信号（数据）进行随机特性分析，分析过程中将数据以 10s 为间隔进行分段，共得到 210 段数据，即共得到210 个随机样本。

5.2.3.1 均值、方差、众数的分析结果

1. 去除趋势项后分析结果

针对轧钢机的瞬时电流和瞬时功率去除趋势项，并对去除趋势项后的随机样本计算均值、方差、众数，将各随机样本期望、方差、众数进行统计并绘制折线图，如图 5-45～图 5-50 所示。

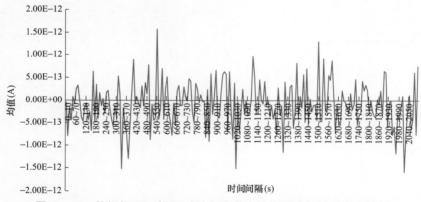

图 5-45 轧钢机 10s 间隔瞬时电流去除趋势项后的随机样本均值

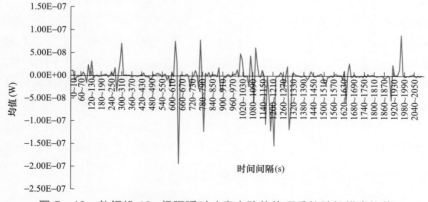

图 5-46 轧钢机 10s 间隔瞬时功率去除趋势项后的随机样本均值

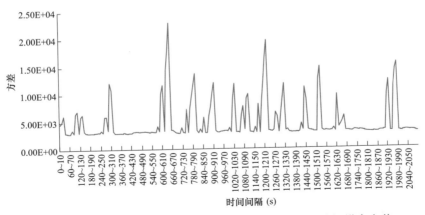

图 5-47 轧钢机 10s 间隔瞬时电流去除趋势项后的随机样本方差

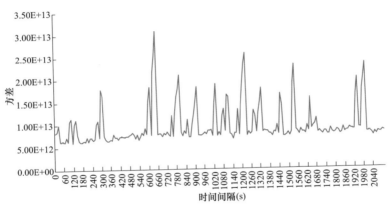

图 5-48 轧钢机 10s 间隔瞬时功率去除趋势项后的随机样本方差

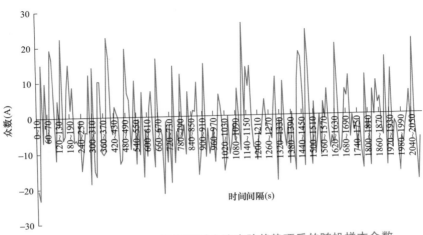

图 5-49 轧钢机 10s 间隔瞬时电流去除趋势项后的随机样本众数

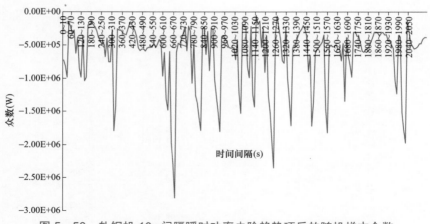

图 5-50　轧钢机 10s 间隔瞬时功率去除趋势项后的随机样本众数

（1）由图 5-45 和图 5-46 可知，轧钢机瞬时电流和瞬时功率去除趋势项后每个随机样本的均值分别小于 10^{-12} 和 10^{-7} 数量级，非常小，可以忽略不计。这说明，采用 5.1.3.2 节中的非线性电力动态负荷去除趋势项的方法可以有效去除轧钢机瞬时电流和瞬时功率信号中的直流分量。

（2）由图 5-47 和图 5-48 可知，瞬时电流信号去除趋势项后各随机样本的方差在 630～640s 内达到了最大值，说明此时间段内瞬时电流的波动最大。瞬时功率信号去除趋势项后各随机样本的方差在 630～640s 内达到了最大值，说明这个时间段内瞬时功率的波动最大。

（3）由图 5-49 和图 5-50 可知，瞬时电流和瞬时功率去除趋势项后各随机样本的众数波动比较大，说明在每个时间段内出现次数较多的负荷值变化比较大。

2. 去除趋势项和周期项后分析结果

针对秦皇岛某公司二号轧钢机现场采集的电压和电流信号（数据）进行随机特性分析，已完成的工作包括对瞬时电流和瞬时功率去除趋势项和周期项，并对去除趋势项和周期项后的随机样本计算均值、方差、众数，将各时间段期望、方差、众数进行统计并绘制折线图，如图 5-51～图 5-56 所示。

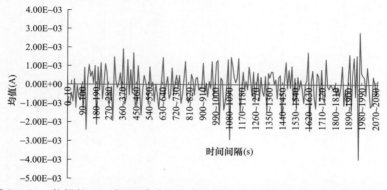

图 5-51　轧钢机 10s 间隔瞬时电流去除趋势项和周期项后的随机样本均值

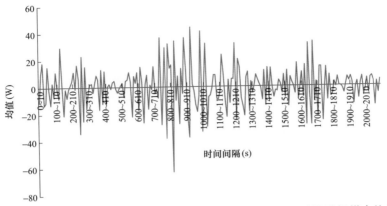

图 5-52 轧钢机 10s 间隔瞬时功率去除趋势项和周期项后的随机样本均值

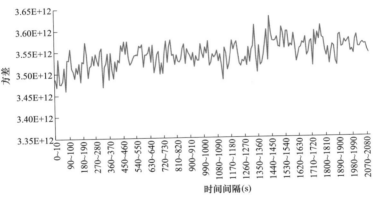

图 5-53 轧钢机 10s 间隔瞬时电流去除趋势项和周期项后的随机样本方差

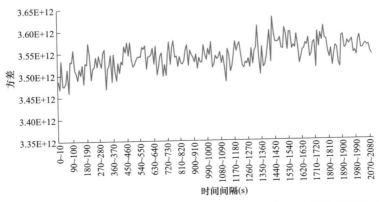

图 5-54 轧钢机 10s 间隔瞬时功率去除趋势项和周期项后的随机样本方差

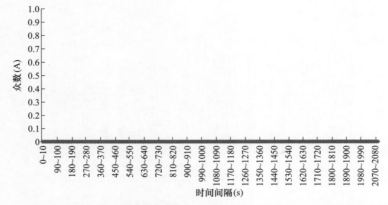

图 5-55 　轧钢机 10s 间隔瞬时电流去除趋势项和周期项后的随机样本众数

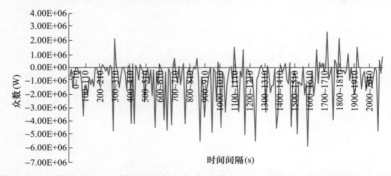

图 5-56 　轧钢机 10s 间隔瞬时功率去除趋势项和周期项后的随机样本众数

（1）由图 5-51 和图 5-52 可知，瞬时电流去除趋势项和周期项后随机样本的均值小于 10^{-3} 数量级，非常小，可以忽略不计。这说明，采用 5.1.3.2 节中的非线性电力动态负荷去除趋势项和周期项的方法可以有效去除轧钢机瞬时电流和瞬时功率信号中的直流分量。瞬时功率的均值为 $-60\sim40$ W。

（2）由图 5-53 和图 5-54 可知，瞬时电流和瞬时功率去除趋势项和周期项后随机样本的方差均在 $1530\sim1540$ s 时方差值最大，说明此时瞬时电流和瞬时功率波动最大。

（3）由图 5-55 和图 5-56 可知，瞬时电流去除趋势项和周期项后随机样本的众数均为 0，而瞬时功率信号在去除周期项和趋势项后随机样本的众数主要集中在 0 附近以及 $-4\times10^6\sim-5\times10^6$ W 区间内。

5.2.3.2 　自相关函数和功率谱密度的分析结果

1. 去除趋势向项分析结果

针对轧钢机瞬时电流瞬时功率去除趋势项后的随机样本通过 MATLAB 程序得出其自相关函数图和功率谱密度图，共得到近 840 张图。由于图片数量较大，所以下面只列出 2 个随机样本的自相关函数图和功率谱密度图。

轧钢机 0～10s 间隔瞬时电流去除趋势项后随机样本的自相关函数和功率谱密度如图 5−57 所示。轧钢机 0～10s 间隔瞬时功率去除趋势项后随机样本的自相关函数和功率谱密度如图 5−58 所示。

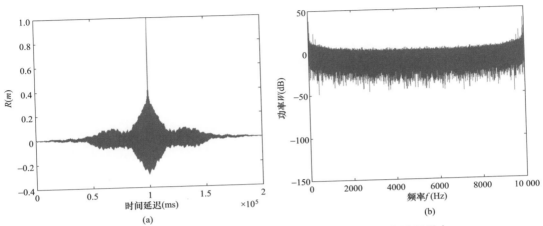

图 5−57　轧钢机 0～10s 间隔瞬时电流去除趋势项后的随机样本
（a）自相关函数；（b）功率谱密度

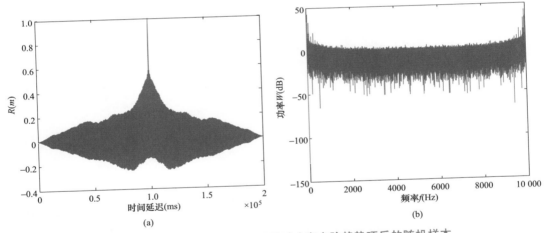

图 5−58　轧钢机 0～10s 间隔瞬时功率去除趋势项后的随机样本
（a）自相关函数；（b）功率谱密度

轧钢机 100～110s 间隔瞬时电流去除趋势项后随机样本的自相关函数和功率谱密度如图 5−59 所示。轧钢机 100～110s 间隔瞬时功率去除趋势项后随机样本的自相关函数和功率谱密度如图 5−60 所示。

由图 5−57～图 5−60 可知，瞬时电流和瞬时功率在去除趋势项后具有相关性，而其功率谱则反映了随机样本的幅频特性。从以上功率谱密度图中可以看出，随着频率的增加，功率的幅值逐渐减小，说明随着频率的增加，谐波含量逐渐减少。

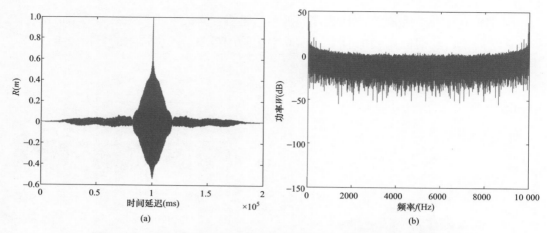

图 5-59　电弧炉 100～110s 间隔瞬时电流去除趋势项后的随机样本
（a）自相关函数；（b）功率谱密度

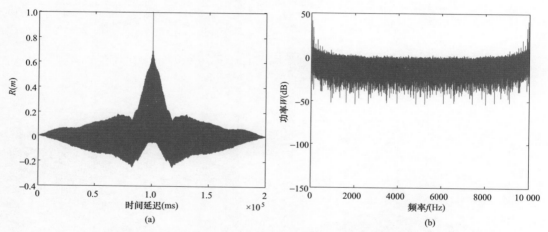

图 5-60　轧钢机 100～110s 间隔瞬时功率去除趋势项后的随机样本
（a）自相关函数；（b）功率谱密度

2. 去除趋势项和周期项后分析结果

对轧钢机瞬时电流和瞬时功率去除趋势项和周期项后的随机样本通过 MATLAB 程序得出其自相关函数图和功率谱密度图，共得到近 840 张图。由于图片数量较大，所以下面只列出 1 个随机样本的自相关函数图和功率谱密度图。

轧钢机 0～10s 间隔瞬时电流去除趋势项和周期项后的随机样本自相关函数和功率谱密度如图 5-61 所示。轧钢机 0～10s 间隔瞬时功率去除趋势项和周期项后的随机样本自相关函数和功率谱密度如图 5-62 所示。

由图 5-61 和图 5-62 可知，瞬时电流和功率去除趋势项和周期项后每个随机样本具有相关性，且其功率随着频率的增加幅值变化较小。此外，每个随机样本的均值基本为 0，不随时间的变化而变化，且从自相关函数图可以看出符合 5.1.2.5 中平稳随机过程自相关函数的性质，所以可将其看作一个弱稳态随机过程。

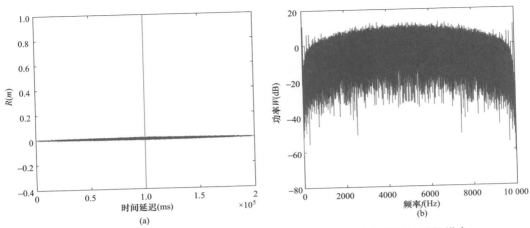

图 5-61　轧钢机 0～10s 间隔瞬时电流去除趋势项和周期项后的随机样本

（a）自相关函数；（b）功率谱密度

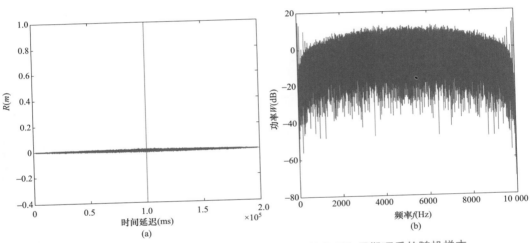

图 5-62　轧钢机 0～10s 间隔瞬时功率去除趋势项和周期项后的随机样本

（a）自相关函数；（b）功率谱密度

5.2.3.3　小结

由以上分析可知，采用 5.1.3 节的随机特性分析方法，可以有效去除轧钢机非线性电力动态负荷瞬时信号中的趋势项和周期项，并且可以求出轧钢机非线性电力动态负荷瞬时电流和瞬时功率信号的均值、方差、众数、自相关函数和功率谱密度五个随机特征参量。其中，瞬时电流和瞬时功率在去除趋势项和周期项后的均值很小，可以忽略不计，瞬时电流去除趋势项后的方差为 $0～2.5×10^4$，瞬时电流同时去除趋势项和周期项后的方差为 2700～2800，瞬时功率去除趋势项后的方差为 $5×10^{12}～3×10^{13}$，瞬时功率同时去除趋势项和周期项后的方差为 $3.45×10^{12}～3.65×10^{12}$。此外，各随机样本自相关函数图形相同，说明瞬时信号自相关函数只与时延 m 有关，与起始时间无关，观察功率谱密度函数可知随机样本能量有限。

5.2.4 电气化铁路瞬时信号随机特征参数分析结果（一）

电气化铁路是典型的冲击性负荷，它的功率波动大，随机性强，电气化机车的加速、制动以及多辆列车投切都会给功率带来很大的波动。在牵引变电站进行现场数据采集时，记录的电流如下：3～5min 电流小且稳定，当电力机车通过时，电流快速变化至峰值，峰值持续时间为 3～100s，随后又快速下降至稳定值。

本书针对山海关牵引变电站电气化铁路现场采集的电流、电压信号（数据）进行随机特性分析，分析过程中将数据以 10s 为间隔进行分段，共得到 318 段数据，即共得到 318 个随机样本。

5.2.4.1 均值、方差、众数的分析结果

1. 去除趋势项后分析结果

对瞬时电流和功率去除趋势项，并对去除趋势项后的随机样本计算均值、方差、众数。

（1）由图 5-63 和图 5-64 可知，电气化铁路瞬时电流和瞬时功率去除趋势项后每个随机样本的均值分别小于 10^{-14} 和 10^{-7} 数量级，非常小，可以忽略不计。这说明，采用 5.1.3.2 节中的非线性电力动态负荷去除趋势项的方法可以有效去除电气化铁路瞬时电流和瞬时功率信号中的直流分量。

（2）由图 5-65 和图 5-66 可知，瞬时电流去除趋势项后各随机样本的方差在 840～850s 内达到了最大值，说明这个时间段内瞬时电流的波动是最大的，瞬时功率去除趋势项后随机样本方差也在 840～850s 内达到了最大值，说明这个时间段内瞬时功率的波动是最大的。

（3）由图 5-67 和图 5-68 可知，瞬时电流信号和瞬时功率信号在去除趋势项后各随机样本的众数统计波动比较大，说明在每个时间段内出现次数较多的负荷值变化比较大。

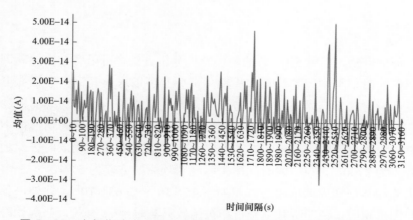

图 5-63 电气化铁路 10s 间隔瞬时电流去除趋势项后的随机样本均值

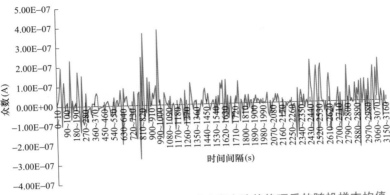

图 5-64　电气化铁路 10s 间隔瞬时功率去除趋势项后的随机样本均值

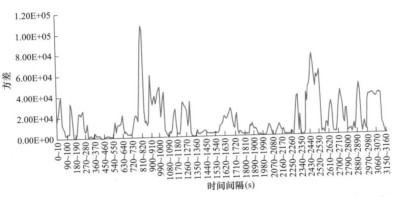

图 5-65　电气化铁路 10s 间隔瞬时电流去除趋势项后的随机样本方差

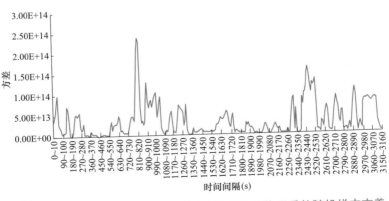

图 5-66　电气化铁路 10s 间隔瞬时功率去除趋势项后的随机样本方差

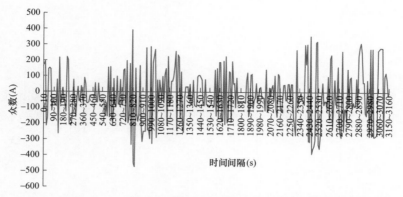

图 5-67　电气化铁路 10s 间隔瞬时电流去除趋势项后的随机样本众数

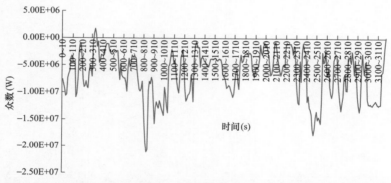

图 5-68　电气化铁路 10s 间隔瞬时功率去除趋势项后的随机样本众数

2. 去除趋势项和周期项后分析结果

对瞬时电流和瞬时功率去除趋势项和周期项，并对去除趋势项和周期项后的随机样本计算均值、方差、众数，将各时间段期望、方差、众数进行统计并绘制折线图，如图 5-69～图 5-74 所示。

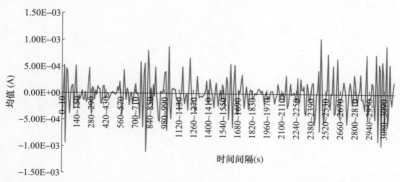

图 5-69　电气化铁路 10s 间隔瞬时电流去除趋势项和周期项后的随机样本均值

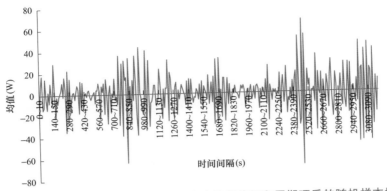

图 5-70　电气化铁路 10s 间隔瞬时功率去除趋势项和周期项后的随机样本均值

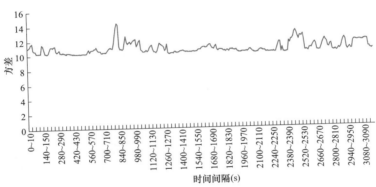

图 5-71　电气化铁路 10s 间隔瞬时电流去除趋势项和周期项后的随机样本方差

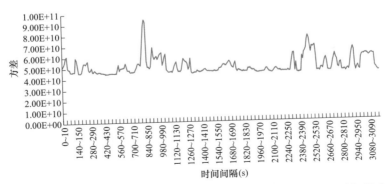

图 5-72　电气化铁路 10s 间隔瞬时功率去除趋势项和周期项后的随机样本方差

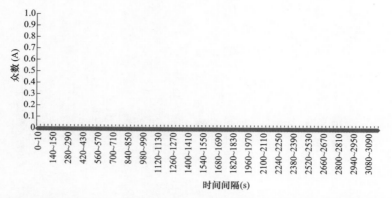

图 5−73　电气化铁路 10s 间隔瞬时电流去除趋势项和周期项后的随机样本众数

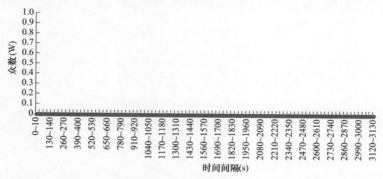

图 5−74　电气化铁路 10s 间隔瞬时功率去除趋势项和周期项后的随机样本众数

（1）由图 5−69 和图 5−70 可知，瞬时电流去除趋势项和周期项后随机样本的均值小于 10^{-4} 数量级，可以忽略不计。这说明采用去除非线性电力动态负荷信号趋势项和周期项的方法可以有效去除随机信号中的直流分量。瞬时功率均值的范围为 $-60 \sim 60W$。

（2）由图 5−71 和图 5−72 可知，瞬时电流信号和瞬时功率信号去除趋势项和周期项后的方差都是在 720～730s 时最大，说明此时瞬时电流和瞬时功率波动最大。

（3）由图 5−73 和图 5−74 可知，瞬时电流信号和瞬时功率信号去除趋势项和周期项后的众数均为 0。

5.2.4.2　自相关函数和功率谱密度的分析结果

1. 去除趋势项后分析结果

对瞬时电流和瞬时功率去除趋势项后的随机样本通过 MATLAB 程序得出其自相关函数图和功率谱密度图，共得到近 1280 张图。由于图片数量较大，所以下面只列出 1 个随机样本的自相关函数图和功率谱密度图。

电气化铁路 0～10s 间隔瞬时电流去除趋势项后随机样本的自相关函数和功率谱密度如图 5−75 所示。电气化铁路 0～10s 间隔瞬时功率去除趋势项后随机样本的自相关函数和功率谱密度如图 5−76 所示。

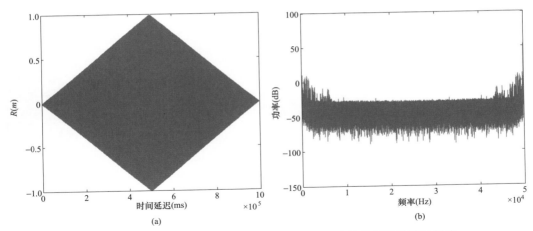

图 5-75　电气化铁路 0～10s 间隔瞬时电流去除趋势项后的随机样本
（a）自相关函数；（b）功率谱密度

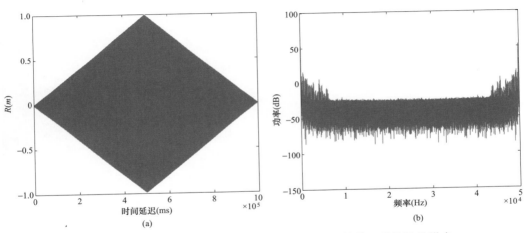

图 5-76　电气化铁路 0～10s 间隔瞬时功率去除趋势项后的随机样本
（a）自相关函数；（b）功率谱密度

由图 5-75 和图 5-76 可知，瞬时电流和瞬时功率在去除趋势项后具有相关性，而其功率谱则反映了随机样本的幅频特性。从以上功率谱密度图中可以看出，在低频部分功率幅值变化比较大，而随着频率的增加幅值逐渐减小并基本保持不变，说明电气化铁路瞬时电流和功率信号在去除趋势项后含有的低次谐波比高次谐波多。

2. 去除趋势项和周期项后分析结果

下面是对电气化铁路瞬时电流和瞬时功率去除趋势项和周期项后的随机样本通过 MATLAB 程序得出其自相关函数图和功率谱密度图，共得到近 1280 张图。由于图片数量较大，所以下面只列出 1 个随机样本的自相关函数图和功率谱密度图。

电气化铁路 0～10s 间隔瞬时电流去除趋势项和周期项后随机样本的自相关函数和功率谱密度如图 5-77 所示。电气化铁路 0～10s 间隔瞬时功率去除趋势项和周期项后随机样本的自相关函数和功率谱密度如图 5-78 所示。

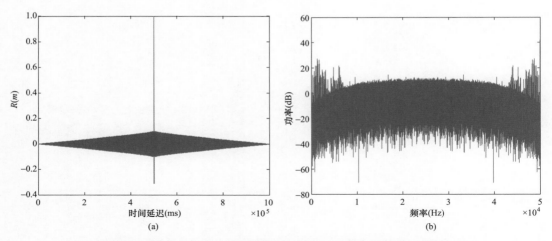

图 5-77　电气化铁路 0~10s 间隔瞬时电流去除趋势项和周期项后随机样本

（a）自相关函数；（b）功率谱密度

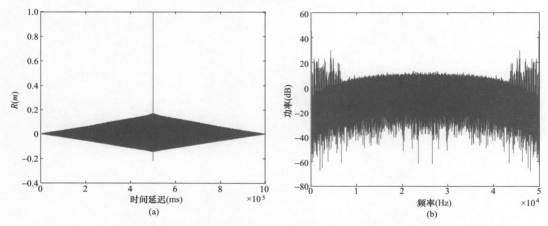

图 5-78　电气化铁路 0~10s 间隔瞬时功率去除趋势项和周期项后随机样本

（a）自相关函数；（b）功率谱密度

由图 5-77 和图 5-78 可知，瞬时电流和功率去除趋势项和周期项后随机样本具有相关性，且其功率随着频率的增加幅值变化较小。此外，每个随机样本的均值基本为 0，不随时间的变化而变化。并且，从自相关函数图可以看出，符合 5.1.2.5 节中弱平稳随机过程自相关函数的性质，所以可将其看作一个弱平稳随机过程。

5.2.4.3　小结

由以上分析可知，采用 5.1.3 节中所描述的随机特性分析方法，可以有效去除电气化铁路非线性电力动态负荷瞬时信号中的趋势项和周期项，并且可以求出电气化铁路非线性电力动态负荷瞬时电流和瞬时功率信号的均值、方差、众数、自相关函数和功率谱密度五个随机特征参量。其中，瞬时电流和瞬时功率在去除趋势项和周期项后的均值很小，可以忽略不计，瞬时电流去除趋势项后方差为 $0 \sim 1.2 \times 10^{5}$，瞬时电流同时去除趋势项和周期项后方差为 10～16，瞬时功率去除趋势项后方差为 $0 \sim 2.5 \times 10^{14}$，瞬时功率同时去除趋势项和周期项后方差为 $4 \times 10^{10} \sim 1 \times 10^{11}$。此外，各随机样本自相关函数图形相同，说明瞬时信号自相关函数只与时延 m 有关，与起始时间无关，观察功率谱密度函数可知随机样本能量有限。

5.2.5 电气化铁路瞬时信号随机特征参数分析结果（二）

针对秦北电气化牵引变电站电气化铁路 2016 年 3 月 29 日现场采集的电流、电压信号（数据）进行随机特性分析，采集数据为 A 相的电压和电流。随机特性分析主要针对 A 相瞬时电流和瞬时功率，分析过程中以 10s 为间隔将数据进行分段构成随机样本，数据时长为 64min19s，共得到 386 段数据，即共得到 386 个随机样本。

5.2.5.1 均值、方差、众数的分析结果

1. 去除趋势项后分析结果

针对秦北电气化铁路的现场采集信号，对瞬时电流和瞬时功率去除趋势项，并对去除趋势项后的随机样本计算均值、方差、众数，将各随机样本均值、方差、众数进行统计并绘制折线图，如图 5－79～图 5－84 所示。

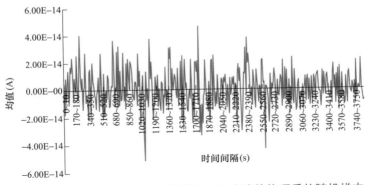

图 5－79　秦北电气化铁路 10s 间隔瞬时电流去除趋势项后的随机样本均值

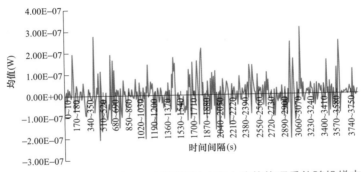

图 5－80　秦北电气化铁路 10s 间隔瞬时功率去除趋势项后的随机样本均值

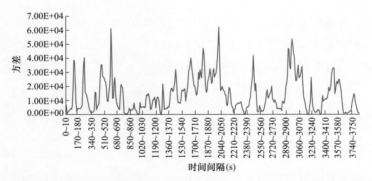

图 5－81　秦北电气化铁路 10s 间隔瞬时电流去除趋势项后的随机样本方差

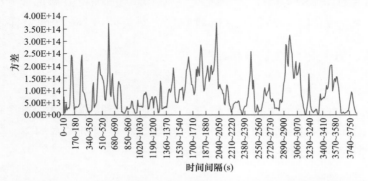

图 5－82　秦北电气化铁路 10s 间隔瞬时功率去除趋势项后随机样本方差

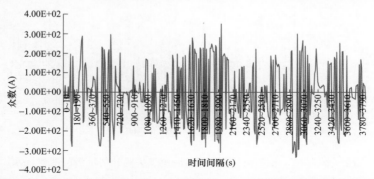

图 5－83　秦北电气化铁路 10s 间隔瞬时电流去除趋势项后随机样本众数

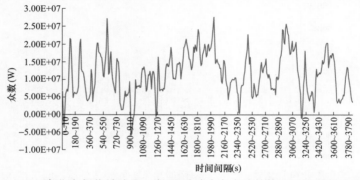

图 5－84　秦北电气化铁路 10s 间隔瞬时功率去除趋势项后随机样本众数

分析结果如下：

（1）由图 5-79 和图 5-80 可知，秦北电气化铁路瞬时电流和瞬时功率去除趋势项后每个随机样本的均值分别小于 10^{-14} 和 10^{-7} 数量级，非常小，可以忽略不计。这说明，在 5.1.3.2 节中所描述的非线性电力动态负荷去除趋势项的方法可以有效去除电气化铁路瞬时电流和瞬时功率信号中的直流分量。

（2）由图 5-81 和图 5-82 可知，瞬时电流和瞬时功率去除趋势项后各随机样本的方差在 2010～2020s 内达到最大值，说明这个时间段内瞬时电流和瞬时功率的波动最大。

（3）由图 5-83 和图 5-84 可知，瞬时电流和瞬时功率去除趋势项后各随机样本众数波动比较大，说明在每个时间段内出现次数较多的负荷值变化比较大。

2. 去除趋势项和周期项后分析结果

针对秦北电气化铁路 3 月 29 日现场采集的电压、电流信号（数据）进行随机特性分析，已完成的工作包括对瞬时电流和瞬时功率去除趋势项和周期项，并对去除趋势项和周期项后的随机样本计算均值、方差、众数，将各时间段数学期望、方差、众数进行统计并绘制折线图，如图 5-85～图 5-90 所示。

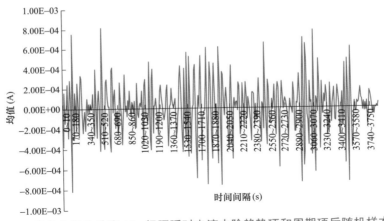

图 5-85　秦北电气化铁路 10s 间隔瞬时电流去除趋势项和周期项后随机样本均值

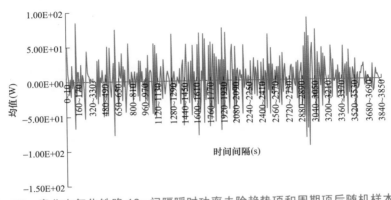

图 5-86　秦北电气化铁路 10s 间隔瞬时功率去除趋势项和周期项后随机样本均值

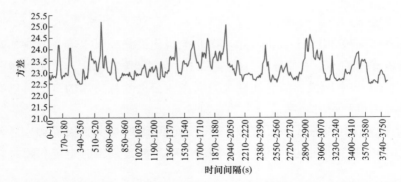

图 5-87　秦北电气化铁路 10s 间隔瞬时电流去除趋势项和周期项后随机样本方差

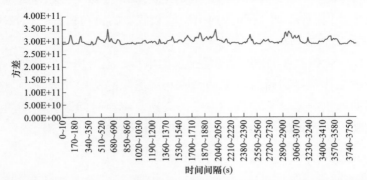

图 5-88　秦北电气化铁路 10s 间隔瞬时功率去除趋势项和周期项后随机样本方差

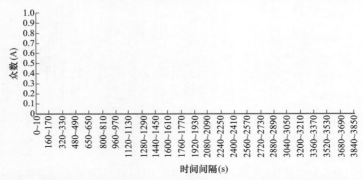

图 5-89　秦北电气化铁路 10s 间隔瞬时电流去除趋势项和周期项后随机样本众数

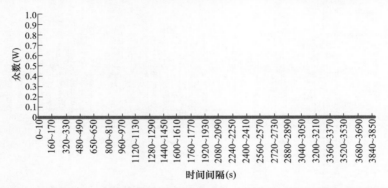

图 5-90　秦北电气化铁路 10s 间隔瞬时功率去除趋势项和周期项后随机样本众数

分析结果如下：

（1）由图 5-85 和图 5-86 可知，瞬时电流去除趋势项和周期项后随机样本均值小于 10^{-3} 数量级，非常小，可以忽略不计。这说明，在 5.1.3.2 节中所描述的非线性电力动态负荷去除趋势项和周期项的方法可以有效去除轧钢机瞬时电流和瞬时功率信号中的直流分量。瞬时功率均值的范围为 $-100 \sim 100W$。

（2）由图 5-87 和图 5-88 可知，瞬时电流和瞬时功率去除趋势项和周期项后随机样本方差都是在 $590 \sim 600s$ 时方差值最大，说明此时瞬时电流和瞬时功率波动最大。

（3）由图 5-89 和图 5-90 可知，瞬时电流和瞬时功率去除趋势项和周期项后随机样本众数均为 0。

5.2.5.2 自相关函数和功率谱密度的分析结果

1. 去除趋势向项分析结果

针对秦北电气化铁路 3 月 29 日瞬时电流和瞬时功率去除趋势项后的随机样本，通过 MATLAB 程序得出其自相关函数图和功率谱密度图，共得到近 1548 张图。由于图片数量较大，所以下面只列出 1 个随机样本的自相关函数图和功率谱密度图。

秦北电气化铁路 $0 \sim 10s$ 间隔瞬时电流去除趋势项后随机样本自相关函数和功率谱密度如图 5-91 所示，秦北电气化铁路 $0 \sim 10s$ 间隔瞬时功率去除趋势项后随机样本自相关函数和功率谱密度如图 5-92 所示。

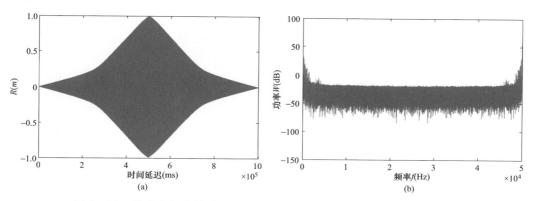

图 5-91　秦北电气化铁路 $0 \sim 10s$ 间隔瞬时电流去除趋势项后随机样本
（a）自相关函数；（b）功率谱密度

分析结果如下：

由图 5-91～图 5-92 可知，瞬时电流和瞬时功率在去除趋势项后具有相关性，而其功率谱则反映了随机样本的幅频特性。从以上功率谱密度图中可以看出，随着频率的增加，功率的幅值逐渐减小，说明随着频率的增加谐波含量逐渐减少。

2. 去除趋势项和周期项后分析结果

针对秦北电气化铁路瞬时电流和瞬时功率去除趋势项和周期项的随机样本，通过 MATLAB 程序得出其自相关函数图和功率谱密度图，共得到近 1548 张图。由于图片数

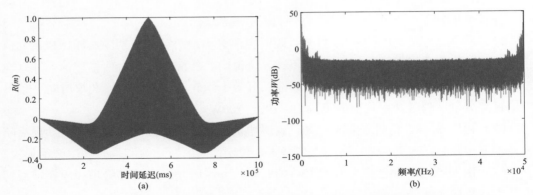

图 5-92　秦北电气化铁路 0~10s 间隔瞬时功率去除趋势项后的随机样本

（a）自相关函数；（b）功率谱密度

量较大，所以下面只列出 1 个随机样本的自相关函数图和功率谱密度图。

秦北电气化铁路 0~10s 间隔瞬时电流去除趋势项和周期项后的随机样本自相关函数和功率谱密度如图 5-93 所示，秦北电气化铁路 0~10s 间隔瞬时功率去除趋势项和周期项后的随机样本自相关函数和功率谱密度如图 5-94 所示。

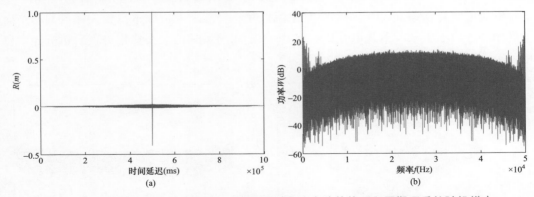

图 5-93　秦北电气化铁路 0-10s 间隔瞬时电流去除趋势项和周期项后的随机样本

（a）自相关函数；（b）功率谱密度

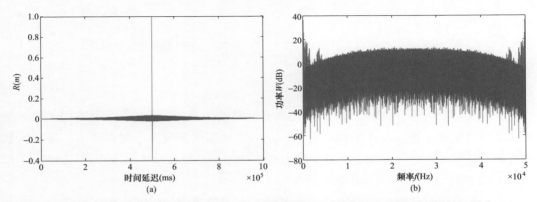

图 5-94　秦北电气化铁路 0~10s 间隔瞬时功率去除趋势项和周期项后的随机样本

（a）自相关函数；（b）功率谱密度

分析结果如下：

由图 5-93 和图 5-94 可知，瞬时电流和瞬时功率去除趋势项和周期项后每个随机样本具有相关性，且其功率随着频率的增加幅值变化较小。此外，每个随机样本的均值基本为 0，不随时间的变化而变化，且从自相关函数图可以看出符合 1.2.5 节中平稳随机过程自相关函数的性质。因此，可将其看作一个弱稳态随机过程，这说明采用 5.1.3.3 节所描述的差分方法可以有效去除电气化铁路瞬时信号中的趋势项和周期项，使其变为一个弱平稳随机过程。

5.2.5.3 小结

由以上分析可知，采用 5.1.3 节中所描述的随机特性分析方法，可以有效去除轧钢机非线性电力动态负荷瞬时信号中的趋势项和周期项，并且可以求出电气化铁路非线性电力动态负荷瞬时电流和瞬时功率信号的均值、方差、众数、自相关函数和功率谱密度五个随机特征参量。其中，瞬时电流和瞬时功率在去除趋势项和周期项后的均值很小，可以忽略不计，瞬时电流去除趋势项后方差在 240～63 000 之间，瞬时电流同时去除趋势项和周期项后方差 23～25 之间，瞬时功率去除趋势项后方差为 3.4×10^{12}～3.8×10^{14} 之间，瞬时功率同时去除趋势项和周期项后方差为 2.88×10^{11}～3.51×10^{11} 之间。此外，各随机样本自相关函数图形相同，说明瞬时信号自相关函数只与时延 m 有关，与起始时间无关，观察功率谱密度函数可知随机样本能量有限，由此可知通过去除瞬时信号中的趋势项和周期项可以将电气化铁路瞬时信号非平稳随机过程变为弱平稳随机过程。

5.2.6 电气化铁路瞬时信号随机特征参数分析结果（三）

针对山海关牵引变电站电气化铁路 2016 年 3 月 28 日下午现场采集的电流、电压信号（数据）进行随机特性分析，分析过程中以 10s 为间隔将数据进行分段以构成随机样本，随机特性分析主要针对 A 相电流及瞬时功率。采集数据包括 A、B、C 三相的电压电流，数据时长为 54min59s，将数据分成了 330 段，即共有 330 个随机样本。

5.2.6.1 均值、方差、众数的分析结果

1. 去除趋势项后的分析结果

针对 3 月 28 日山海关牵引变电站电气化铁路的现场采集数据，对瞬时电流和瞬时功率每个随机样本去除趋势项后进行随机特性分析，求出其每个随机样本的均值、方差、众数，并对均值、方差、众数进行统计并绘制折线图，如图 5-95～图 5-100 所示。

分析结果如下：

（1）由图 5-95 和图 5-96 可知，瞬时电流和瞬时功率去除趋势项后每个随机样本的均值分别小于 10^{-13} 和 10^{-7} 数量级，可以忽略不计。这也说明，在 5.1.3.2 节中所

描述的非线性电力动态负荷去除趋势项的方法可以有效去除山海关电气化铁路瞬时电流和瞬时功率信号中的直流分量。

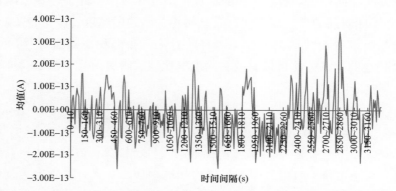

图 5-95　山海关电气化铁路 10s 间隔瞬时电流去除趋势项后随机样本均值

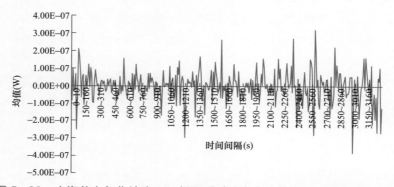

图 5-96　山海关电气化铁路 10s 间隔瞬时功率去除趋势项后随机样本均值

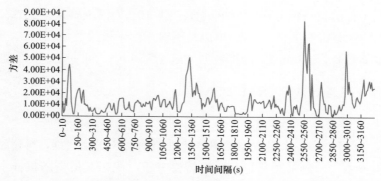

图 5-97　山海关电气化铁路 10s 间隔瞬时电流去除趋势项后随机样本方差

（2）由图 5-97 和图 5-98 可知，瞬时电流随机样本去除趋势项后方差在 2550～2560 达到最大值，说明在这个时间段内电流波动最大。瞬时功率随机样本去除趋势项后方差也在 2550～2560 达到最大值，说明在这个时间段内瞬时功率波动也最大。

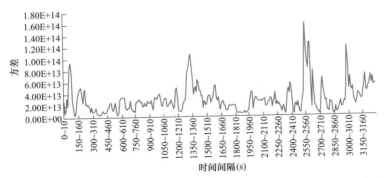

图 5-98　山海关电气化铁路 10s 间隔瞬时功率去除趋势项后随机样本方差

（3）由图 5-99 和图 5-100 可知，瞬时电流和瞬时功率在去除趋势项后各随机样本众数统计波动较大，说明在每个时间段内出现次数较多的负荷值变化。

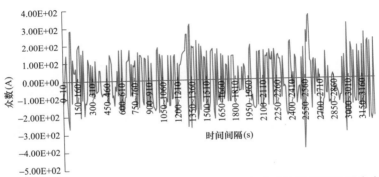

图 5-99　山海关电气化铁路 10s 间隔瞬时电流去除趋势项后随机样本众数

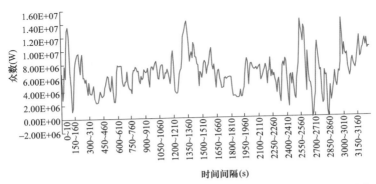

图 5-100　山海关电气化铁路 10s 间隔瞬时功率去除趋势项后随机样本众数

2. 去除趋势项和周期项后分析结果

针对山海关牵引变电站电气化铁路现场采集信号数据去除趋势项和周期项后的随机样本进行随机特性分析。

（1）由图 5-101 和图 5-102 可以看出，瞬时电流去除趋势项和周期项后随机样本的均值小于 10^{-4} 数量级，可以忽略不计。这说明在 5.1.3.3 节中所描述的非线性电力动态负荷去除趋势项和周期项的方法可以有效去除随机信号中的直流分量。瞬时功率去除趋势项和周期项后随机样本均值范围为 $-15 \sim 15\text{W}$。

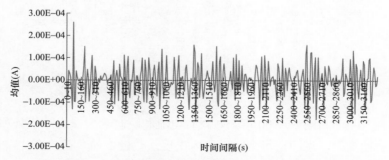

图 5-101 山海关电气化铁路 10s 间隔瞬时电流去除趋势项和周期项后随机样本均值

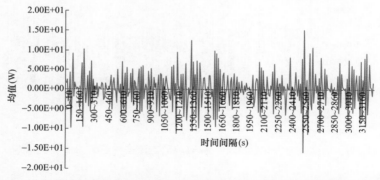

图 5-102 山海关电气化铁路 10s 间隔瞬时功率去除趋势项和周期项后随机样本均值

（2）由图 5-103 和图 5-104 可知，瞬时电流和瞬时功率去除趋势项和周期项后随机样本方差均在 $2550 \sim 2560\text{s}$ 时最大，表明此时瞬时电流和瞬时功率波动最大。

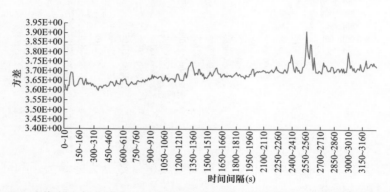

图 5-103 山海关电气化铁路 10s 间隔瞬时电流去除趋势项和周期项后随机样本方差

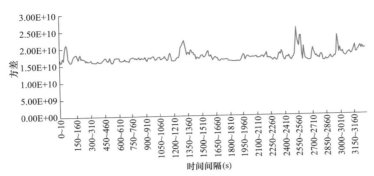

图 5-104 山海关电气化铁路 10s 间隔瞬时功率去除趋势项和周期项后随机样本方差

（3）由图 5-105 和图 5-106 表明，瞬时电流去除趋势项和周期项后随机样本众数均为 0。

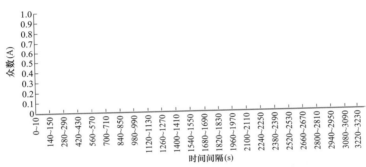

图 5-105 山海关电气化铁路 10s 间隔瞬时电流去除趋势项和周期项后随机样本众数

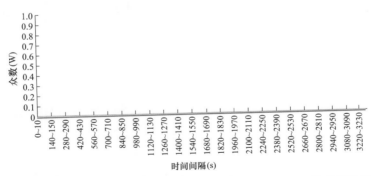

图 5-106 山海关电气化铁路 10s 间隔瞬时功率去除趋势项和周期项后随机样本众数

5.2.6.2 自相关函数和功率谱密度的分析结果

1. 负荷瞬时信号去除趋势项后分析结果

对瞬时电流和瞬时功率各随机样本去除趋势项后通过 MATLAB 程序得出其自相关

函数图和功率谱密度图，共得到近 1320 张图。由于图片数量较大，所以下面只列出了其中 1 个随机样本的自相关函数图和功率谱密度图。

山海关电气化铁路 0～10s 间隔瞬时电流去除趋势项后随机样本自相关函数和功率谱密度如图 5-107 所示，山海关电气化铁路 0～10s 间隔瞬时功率去除趋势项后随机样本自相关函数和功率谱密度如图 5-108 所示。

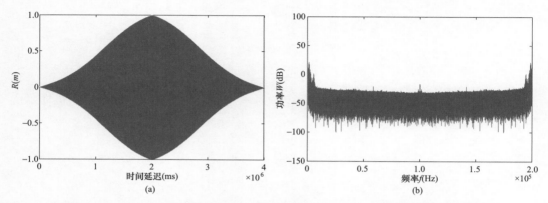

图 5-107　山海关电气化铁路 0～10s 间隔瞬时电流去除趋势项后的随机样本
（a）自相关函数；（b）功率谱密度

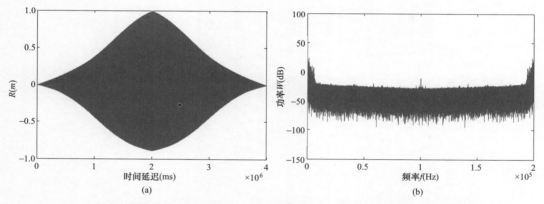

图 5-108　山海关电气化铁路 0～10s 间隔瞬时功率去除趋势项后的随机样本
（a）自相关函数；（b）功率谱密度

分析结果如下：

由图 5-107 和图 5-108 可知，瞬时电流和瞬时功率在去除趋势项后仍具有相关性，其功率谱可反映随机样本的幅频特性，随着频率的增加，功率逐渐减小，表明随着谐波次数的增加，谐波含量越来越少。

2. 去除趋势项和周期项后分析结果

山海关电气化铁路瞬时电流和瞬时功率去除趋势项和周期项后，各随机样本通过 MATLAB 程序得出其自相关函数图和功率谱密度图，共得到近 1320 张图。由于图片数量较大，所以下面只列出其中 1 个随机样本的自相关函数图和功率谱密度图。

山海关电气化铁路 0～10s 间隔瞬时电流去除趋势项和周期项后随机样本自相关函数和功率谱密度如图 5－109 所示，山海关电气化铁路 0～10s 间隔瞬时功率去除趋势项和周期项后随机样本自相关函数和功率谱密度如图 5－110 所示。

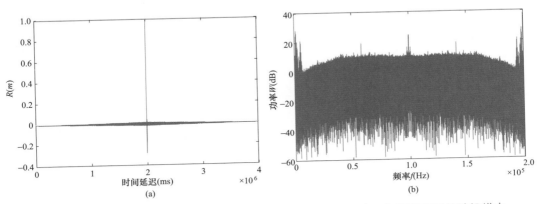

图 5－109　山海关电气化铁路 0～10s 间隔瞬时电流去除趋势项和周期项后的随机样本
（a）自相关函数；（b）功率谱密度

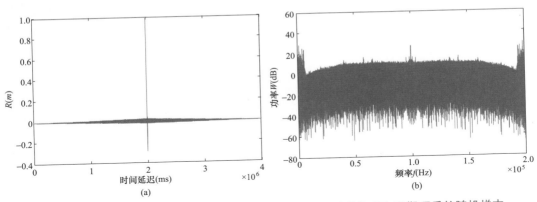

图 5－110　山海关电气化铁路 0～10s 间隔瞬时功率去除趋势项和周期项后的随机样本
（a）自相关函数；（b）功率谱密度

分析结果如下：

由图 5－109 和图 5－110 可知，通过瞬时电流和瞬时功率去除趋势项和周期项后每个随机样本的自相关函数，可以看出瞬时电流和瞬时功率信号具有相关性，同时也符合 5.1.2.5 节中所描述的弱平稳随机过程的性质，说明山海关电气化铁路动态负荷瞬时信号在去除趋势项和周期项后变为一个平稳随机过程。

5.2.6.3　小结

由以上分析可知，本书中的随机特性分析方法，能够有效去除电气化铁路非线性负荷瞬时信号中的趋势项和周期项，并且可以求出电气化铁路非线性电力动态负荷瞬时电流和瞬时功率信号的均值、方差、众数、自相关函数和功率谱密度五个随机特征参量。瞬时电流和瞬时功率在去除趋势项和周期项后的均值很小，可以忽略不计，瞬时电流去除趋势项后方差为 800～82 000，瞬时电流同时去除趋势项和周期项后方差为 3.5～4，瞬时功率去除趋势项后方差为 3×10^{12}～1.6×10^{14}，瞬时功率同时去除趋势项和周期项后方差为 1.5×10^{10}～2.6×10^{10}。此外，各随机样本自相关函数图形相近，说明瞬时信号自相关函数只与时延 m 有关，与起始时间无关，且功率谱密度的能量有限。

5.2.7 电气化铁路瞬时信号随机特征参数分析结果（四）

针对山海关牵引变电站电气化铁路 2016 年 3 月 29 日上午现场采集的数据进行随机特性分析，数据时长为 54min59s，分析主要针对 A 相电流及瞬时功率。分析过程中，将数据以 10s 为间隔进行分段，共得到 330 段数据，即共得到 330 个随机样本。

5.2.7.1 均值、方差、众数的分析结果

1. 去除趋势项后分析结果

针对山海关牵引变电站电气化铁路 3 月 29 日上午现场采集的数据，对瞬时电流和瞬时功率每个随机样本去除趋势项后进行随机特性分析，求出其去除趋势项后每个随机样本的均值、方差、众数，对均值、方差、众数进行统计并绘制折线图，如图 5-111～图 5-116 所示。

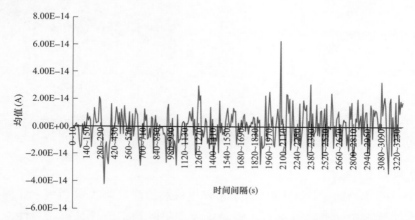

图 5-111　山海关电气化铁路 10s 间隔瞬时电流去除趋势项后的随机样本均值

分析结果如下：

（1）由图 5-111 和图 5-112 可知，瞬时电流和瞬时功率去除趋势项后每个随机样本的均值分别小于 10^{-14} 和 10^{-7} 数量级，可以忽略不计。这表明采用 5.1.3.2 节中所描述的非线性电力动态负荷信号去除趋势项的方法具有可行性和有效性。

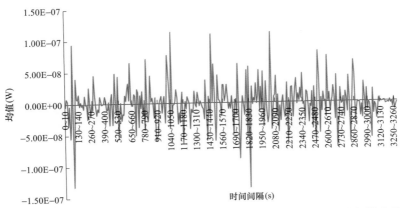

图 5-112 山海关电气化铁路 10s 间隔瞬时功率去除趋势项后的随机样本均值

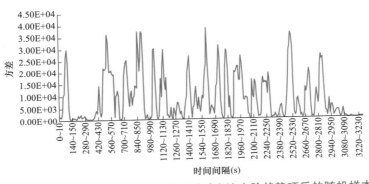

图 5-113 山海关电气化铁路 10s 间隔瞬时电流去除趋势项后的随机样本方差

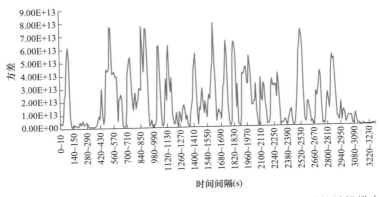

图 5-114 山海关电气化铁路 10s 间隔瞬时功率去除趋势项后的随机样本方差

（2）由图 5-113 和图 5-114 可知,瞬时电流随机样本去除趋势项后方差在 1600~1610 达到最大值,说明在这个时间段内电流波动最大。瞬时功率随机样本去除趋势项后方差也在 1600~1610 达到最大值,说明在这个时间段内瞬时功率波动也最大。瞬时功率的方差特性在 1600～1610 时间段内与瞬时电流的波动特点相同。

（3）由图 5－115 和图 5－116 可知，瞬时电流去除趋势项后随机样本的众数值集中在 －270A 附近和 270A 附近两个区间内。瞬时功率各随机样本众数主要集中在 －4 000 000W 附近和 12 000 000W 附近这两个区间内。

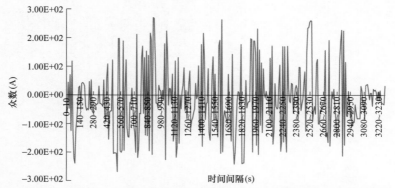

图 5－115　山海关电气化铁路 10s 间隔瞬时电流去除趋势项后的随机样本众数

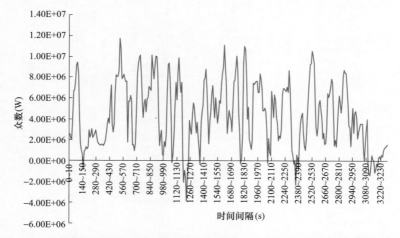

图 5－116　山海关电气化铁路 10s 间隔瞬时功率去除趋势项后的随机样本众数

2. 去除趋势项和周期项后分析结果

针对山海关牵引变电站电气化铁路 3 月 29 日上午现场采集的数据，对瞬时电流和功率每个随机样本去除趋势项和周期项后进行随机特性分析，求出其每个随机样本的均值、方差、众数，对均值、方差、众数进行统计并绘制折线图，如图 5－117～图 5－122 所示。

分析结果如下：

（1）由图 5－117 和图 5－118 可知，瞬时电流去除趋势项和周期项后各随机样本的均值小于 10^{-4} 数量级，均值基本为 0，说明采用 5.1.3.2 节中所描述的非线性电力动态负荷去除趋势项和周期项的方法可以有效去除电气化铁路瞬时电流中的直流分量。瞬时功率均值中瞬时功率的范围为 －20～30W。

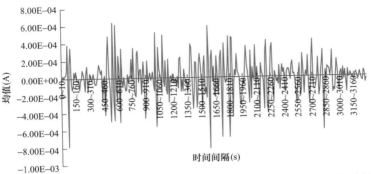

图 5-117 山海关电气化铁路 10s 间隔瞬时电流去除趋势项和周期项后的随机样本均值

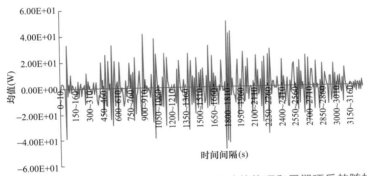

图 5-118 山海关电气化铁路 10s 间隔瞬时功率去除趋势项和周期项后的随机样本均值

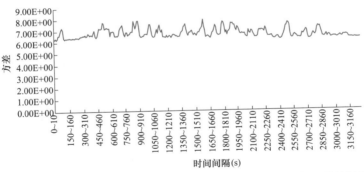

图 5-119 山海关电气化铁路 10s 间隔瞬时电流去除趋势项和周期项后的随机样本方差

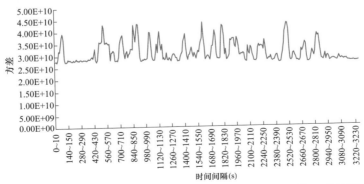

图 5-120 山海关电气化铁路 10s 间隔瞬时功率去除趋势项和周期项后的随机样本方差

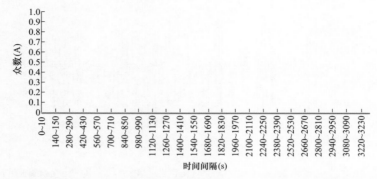

图 5-121   山海关电气化铁路 10s 间隔瞬时电流去除趋势项和周期项后的随机样本众数

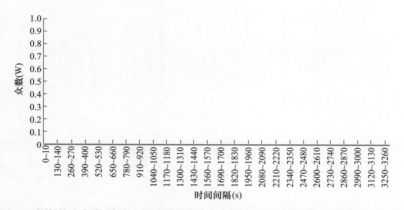

图 5-122   山海关电气化铁路 10s 间隔瞬时功率去除趋势项和周期项后的随机样本众数

（2）由图 5-119 和图 5-120 可知，瞬时电流和瞬时功率去除趋势项和周期项后随机样本的方差波动形状基本相同，都是在 10～20s 时方差值最大，说明此时瞬时电流和瞬时功率波动最大。

（3）由图 5-121 和图 5-122 可知，瞬时电流和瞬时功率去除趋势项和周期项后众数均为 0。

5.2.7.2　自相关函数和功率谱密度的分析结果

1. 去除趋势项后分析结果

对瞬时电流和瞬时功率去除趋势项后的随机样本通过 MATLAB 程序得出其自相关函数图和功率谱密度图，共得到近 1320 张图。由于图片数量较大，所以下面只列出了其中 1 个随机样本的自相关函数图和功率谱密度图。

山海关电气化铁路 0～10s 间隔瞬时电流去除趋势项后随机样本自相关函数和功率谱密度如图 5-123 所示，山海关电气化铁路 0～10s 间隔瞬时功率去除趋势项后随机样本自相关函数和功率谱密度如图 5-124 所示。

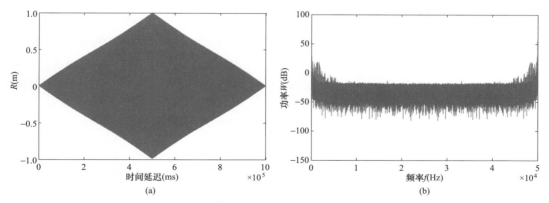

图 5-123　山海关电气化铁路 0～10s 间隔瞬时电流去除趋势项后的随机样本

（a）自相关函数；（b）功率谱密度

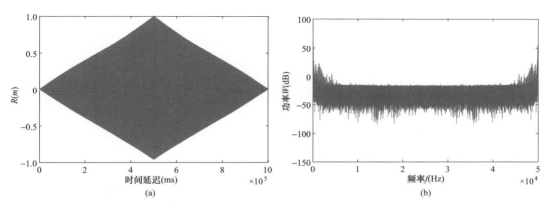

图 5-124　山海关电气化铁路 0～10s 间隔瞬时功率去除趋势项后的随机样本

（a）自相关函数；（b）功率谱密度

分析结果如下：

由图 5-123 和图 5-124 可知，瞬时电流和瞬时功率在去除趋势项后具有相关性，而其功率谱则反映了随机样本的幅频特性。从以上功率谱密度图中可以看出，在低频部分功率值较大，随着频率的增加，幅值逐渐减小，并基本保持不变。

2. 去除趋势项和周期项后分析结果

山海关电气化铁路瞬时电流和瞬时功率去除趋势项和周期项后，各随机样本通过MATLAB 程序得出其自相关函数图和功率谱密度图，共得到近 1320 张图。由于图片数量较大，所以下面只列出其中 1 个随机样本的自相关函数图和功率谱密度图。

山海关电气化铁路 0～10s 间隔瞬时电流去除趋势项和周期项后随机样本自相关函数和功率谱密度如图 5-125 所示，山海关电气化铁路 0～10s 间隔瞬时功率去除趋势项和周期项后随机样本自相关函数和功率谱密度如图 5-126 所示。

分析结果如下：

自相关函数表征随机过程在两时刻之间的关联程度，反映了随机过程起伏变换的快慢。由图 5-125 可知，电气化铁路瞬时电流和瞬时功率信号（时间序列）在去除趋势项和周期项后的自相关性很小,说明电气化铁路瞬时电流和瞬时功率去除趋势项和周期项后随机序列起伏变化较快。而图 5-126 则表明功率谱随着频率的增加功率变化较小。此外,每个随机样本的均值基本为 0,不随时间的变化而变化,且自相关函数符合弱平稳随机过程的性质。

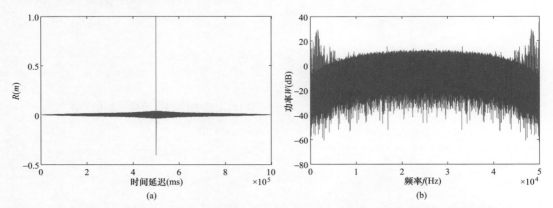

图 5-125　山海关电气化铁路 0~10s 间隔瞬时电流去除趋势项和周期项后的随机样本
(a) 自相关函数;(b) 功率谱密度

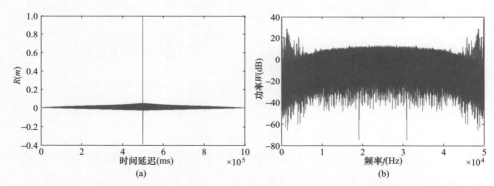

图 5-126　山海关电气化铁路 0~10s 间隔瞬时功率去除趋势项和周期项后的随机样本
(a) 自相关函数;(b) 功率谱密度

5.2.7.3　小结

由以上分析可知,采用本书中的随机特性分析方法可有效去除电气化铁路非线性电力动态负荷瞬时信号中的趋势项和周期项,并且可以求出电气化铁路非线性电力动态负荷瞬时电流和瞬时功率信号的均值、方差、众数、自相关函数和功率谱密度五个随机特征参量。瞬时电流和瞬时功率在去除趋势项和周期项后的均值很小,可以忽略不计,瞬时电流去除趋势项后方差为 $1.2 \times 10^2 \sim 3.9 \times 10^4$,瞬时电流同时去除趋势项和周期项后方差为 6~8,瞬时功率去除趋势项后方差为 $3 \times 10^{11} \sim 8 \times 10^{13}$,瞬时功率同时去除趋势项和周期项后方差为 $2.6 \times 10^{10} \sim 4.4 \times 10^{10}$。此外,各随机样本自相关函数图形相近，说明瞬时信号自相关函数只与时延 *m* 有关，与起始时间无关，且功率谱密度的能量有限。

5.2.8　电气化铁路瞬时信号随机特征参数分析结果（五）

针对山海关牵引变电站电气化铁路 2016 年 3 月 30 日现场采集的电流、电压信号（数据）进行随机特性分析，分析过程中将数据以 10s 为间隔进行分段，共得到 1320 段数据，即共得到 1320 个随机样本。

5.2.8.1　均值、方差、众数的分析结果

1. 去除趋势项后分析结果

针对山海关牵引变电站电气化铁路 3 月 30 日的现场采集数据，对瞬时电流和瞬时功率每个随机样本去除趋势项后进行随机特性分析，求出其每个随机样本的均值、方差、众数，对均值、方差、众数进行统计并绘制折线图，如图 5-127～图 5-132 所示。

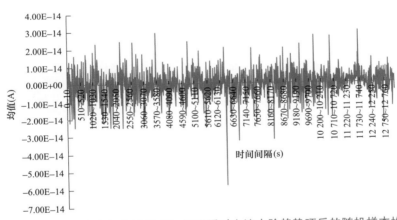

图 5-127　山海关电气化铁路 10s 间隔瞬时电流去除趋势项后的随机样本均值

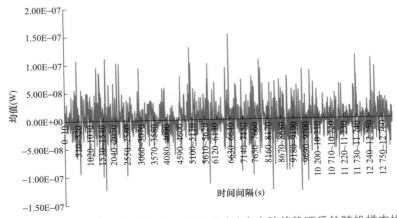

图 5-128　山海关电气化铁路 10s 间隔瞬时功率去除趋势项后的随机样本均值

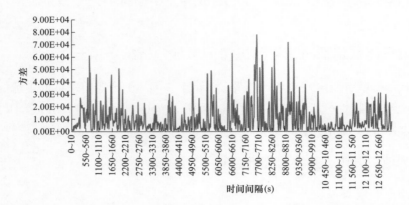

图 5－129　山海关电气化铁路 10s 间隔瞬时电流去除趋势项后的随机样本方差

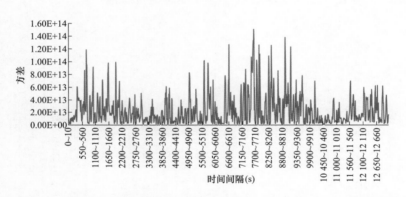

图 5－130　山海关电气化铁路 10s 间隔瞬时功率去除趋势项后的随机样本方差

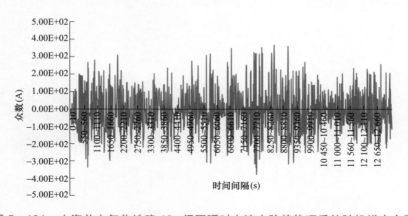

图 5－131　山海关电气化铁路 10s 间隔瞬时电流去除趋势项后的随机样本众数

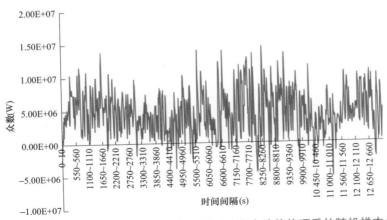

图 5-132　山海关电气化铁路 10s 间隔瞬时功率去除趋势项后的随机样本众数

分析结果如下：

（1）由图 5-127 和图 5-128 可知，针对山海关电气化铁路 3 月 30 日的采集数据，去除瞬时电流和瞬时功率中的趋势项后每个随机样本的均值分别小于 10^{-14} 和 10^{-7} 数量级，非常小，可以忽略不计。这说明：采用 5.1.3.2 节中所描述的非线性电力动态负荷去除趋势项的方法可以有效去除瞬时电流和瞬时功率信号中的直流分量。

（2）由图 5-129 和图 5-130 可知，瞬时电流去除趋势项后各随机样本的方差在 7640～7650s 段内达到了最大值，说明该时间段内瞬时电流的波动是最大的；瞬时功率去除趋势项后随机样本方差也在 7640～7650s 内达到了最大值，说明该时间段内瞬时功率的波动是最大的。

（3）由图 5-131 和图 5-132 可知，瞬时电流信号和瞬时功率信号在去除趋势向后各随机样本众数统计波动比较大，说明在每个时间段内出现次数较多的负荷值变化比较大。

2. 去除趋势项和周期项后分析结果

针对瞬时电流和瞬时功率去除趋势项和周期项后的每个随机样本，计算其均值、方差、众数，将各时间段期望、方差、众数进行统计并绘制折线图，如图 5-133～图 5-138 所示。

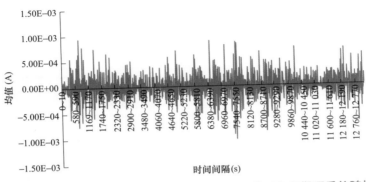

图 5-133　山海关电气化铁路 10s 间隔瞬时电流去除趋势项和周期项后的随机样本均值

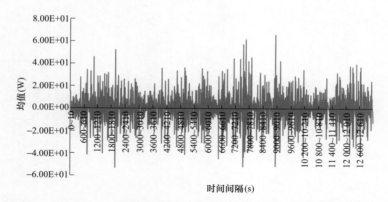

图 5-134　山海关电气化铁路 10s 间隔瞬时功率去除趋势项和周期项后的随机样本均值

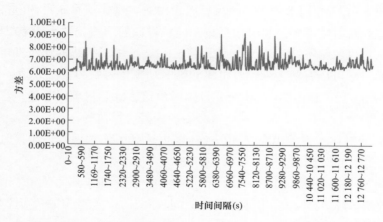

图 5-135　山海关电气化铁路 10s 间隔瞬时电流去除趋势项和周期项后的随机样本方差

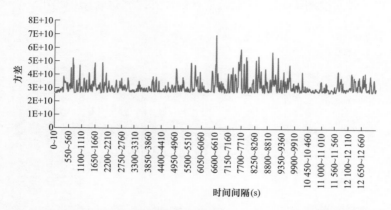

图 5-136　山海关电气化铁路 10s 间隔瞬时功率去除趋势项和周期项后的随机样本方差

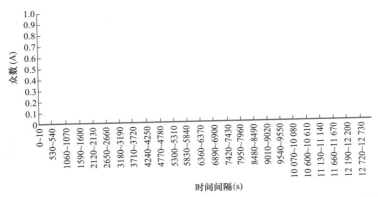

图 5-137 山海关电气化铁路 10s 间隔瞬时电流去除趋势项和周期项后的随机样本众数

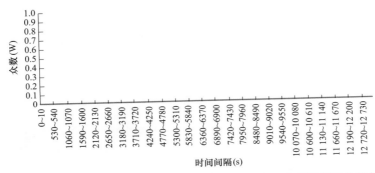

图 5-138 山海关电气化铁路 10s 间隔瞬时功率去除趋势项和周期项后的随机样本众数

分析结果如下：

（1）由图 5-133 和图 5-134 可知，瞬时电流去除趋势项和周期项后随机样本均值小于 10^{-4} 数量级，可以忽略不计。这说明采用去除非线性电力动态负荷信号趋势项和周期项的方法可以有效去除随机信号中的直流分量。瞬时功率均值中瞬时功率的范围为 $-60 \sim 80$W。

（2）由图 5-135 和图 5-136 可知，瞬时电流信号和瞬时功率信号去除趋势项和周期项后方差都是在 6620～6630s 时值最大，说明此时瞬时电流和瞬时功率波动最大。

（3）由图 5-137 和图 5-138 可知，瞬时电流信号和瞬时功率信号去除趋势项和周期项后众数均为 0。

5.2.8.2 自相关函数和功率谱密度的分析结果

1. 去除趋势项后分析结果

对瞬时电流和瞬时功率去除趋势项后的随机样本通过 MATLAB 程序得出其自相关函数图和功率谱密度图，共得到近 5280 张图。由于图片数量较大，所以下面只列出 1 个随机样本的自相关函数图和功率谱密度图。

山海关电气化铁路 0～10s 间隔瞬时电流去除趋势项后随机样本自相关函数和功率

谱密度如图 5-139 所示,山海关电气化铁路 0~10s 间隔瞬时功率去除趋势项后随机样本自相关函数和功率谱密度如图 5-140 所示。

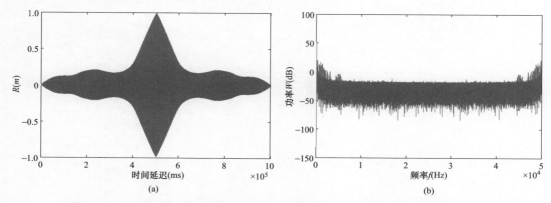

图 5-139　山海关电气化铁路 0~10s 间隔瞬时电流去除趋势项后的随机样本
（a）自相关函数；（b）功率谱密度

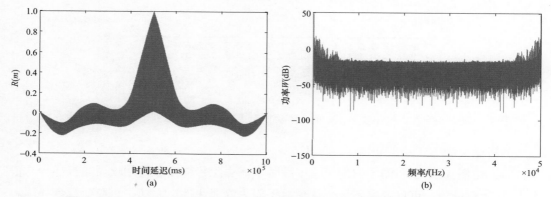

图 5-140　山海关电气化铁路 0~10s 间隔瞬时功率去除趋势项后的随机样本
（a）自相关函数；（b）功率谱密度

分析结果如下:

由图 5-139 和图 5-140 可知,瞬时电流和瞬时功率在去除趋势项后具有相关性,而其功率谱则反映了随机样本的幅频特性。从以上功率谱密度图中可以看出,在低频部分功率幅值变化比较大,而随着频率的增加幅值逐渐减小并基本保持不变,说明电气化铁路瞬时电流和瞬时功率信号在去除趋势项后含有的低次谐波比高次谐波多。

2. 去除趋势项和周期项后分析结果

对山海关电气化铁路瞬时电流和瞬时功率去除趋势项和周期项后的随机样本通过 MATLAB 程序得出其自相关函数图和功率谱密度图,共得到近 5280 张图。由于图片数量较大,所以只列出 1 个随机样本的自相关函数图和功率谱密度图。

电气化铁路 0~10s 间隔瞬时电流去除趋势项和周期项后的随机样本自相关函数和功率谱密度如图 5-141 所示,电气化铁路 0~10s 间隔瞬时功率去除趋势项和周期项后的随机样本自相关函数和功率谱密度如图 5-142 所示。

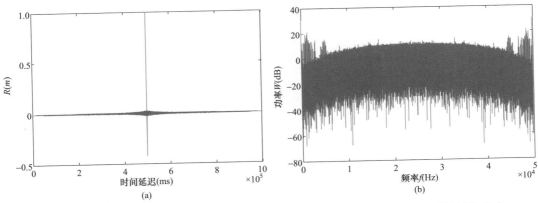

图 5-141　山海关电气化铁路 0～10s 间隔瞬时电流去除趋势项和周期项后的随机样本

（a）自相关函数；（b）功率谱密度

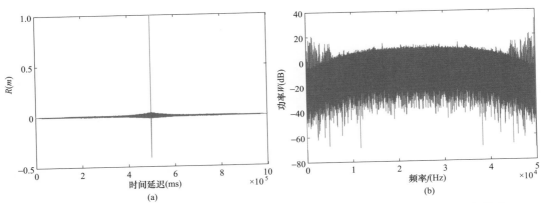

图 5-142　山海关电气化铁路 0～10s 间隔瞬时功率去除趋势项和周期项后的随机样本

（a）自相关函数；（b）功率谱密度

分析结果如下：

由图 5-141 和图 5-142 可知，瞬时电流和功率去除趋势项和周期项后随机样本具有相关性，且其功率随着频率的增加幅值变化较小。此外，每个随机样本的均值基本为 0，不随时间的变化而变化，且从自相关函数图可以看出符合 5.1.2.5 节中弱平稳随机过程自相关函数的性质，所以可将其看作一个弱平稳随机过程。

5.2.8.3　小结

由以上分析可知，采用 5.1.3 节中所描述的随机特性分析方法，可以有效去除电气化铁路非线性电力动态负荷瞬时信号中的趋势项和周期项，并且可以求出电气化铁路非线性电力动态负荷瞬时电流和瞬时功率信号的均值、方差、众数、自相关函数和功率谱密度五个随机特征参量。其中，瞬时电流和瞬时功率去除趋势项和周期项后的均值很小，可以忽略不计，瞬时电流去除趋势项后方差为 51～78 000，瞬时电流同时去除趋势项和周期项后方差为 5.9～9.2，瞬时功率去除趋势项后方差为 1.7×10^{11}～

1.5×10^{14}，瞬时功率同时去除趋势项和周期项后方差为 $2.5 \times 10^{10} \sim 7 \times 10^{10}$。此外，各随机样本自相关函数图形相同，说明瞬时信号自相关函数只与时延 m 有关，与起始时间无关，观察功率谱密度函数可知随机样本能量有限。

5.2.9 分布式光伏电源包络信号随机特征参数分析结果

针对固安县孔雀城小区分布式光伏电源并网发电系现场采集的电流和功率包络信号，利用 5.1.3 节所描述的随机特性分析方法对其进行了随机特性分析，并得到分布式光伏电源电流和功率包络信号分布特性，下面给出分析结果。

5.2.9.1 均值、方差分析结果

1. 去除趋势项后分析结果

（1）由图 5-143 和图 5-144 可知，分布式光伏电源电流和功率包络去除趋势项后每个样本的均值最大值分别小于 10^{-12} 和 10^{-10} 数量级，均值非常小，可以忽略不计。这说明采用 5.1.3.2 节中描述的非线性电力动态负荷去除趋势项的方法可以有效去除分布式光伏电源电流和功率包络信号中的直流分量。

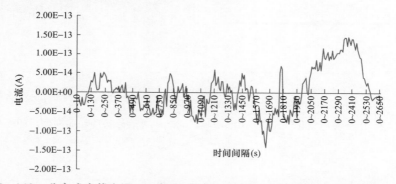

图 5-143　分布式光伏电源 10s 间隔瞬时电流包络去除趋势项后的随机样本均值

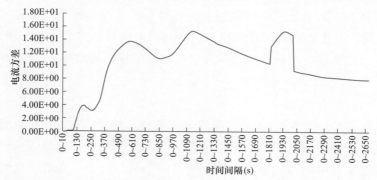

图 5-144　分布式光伏电源 10s 间隔瞬时电流包络去除趋势项后的随机样本方差

（2）由图 5-145 和图 5-146 可知，电流和功率信号包络去除趋势项后在 1980s 时方差最大，说明此时电流和功率波动最大。

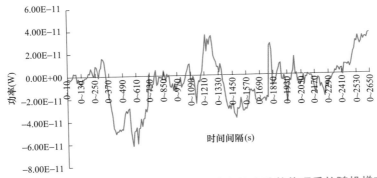

图 5－145　分布式光伏电源 10s 间隔瞬时功率包络去除趋势项后的随机样本均值

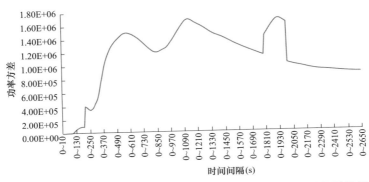

图 5－146　分布式光伏电源 10s 间隔瞬时功率包络去除趋势项后的随机样本方差

2．去除趋势项和周期项后分析结果

（1）由图 5－147 和图 5－148 可知，分布式光伏电源电流包络信号去除趋势项和周期项后每个随机样本的均值都小于 1.5×10^{-3} 数量级，而功率包络信号去除趋势项和周期项后随机样本均值的最大值约为 0.5，而在 1110s 后均值基本为零。这说明，5.1.3.2 节中提出的去除趋势项和周期项的方法可以有效去除分布式光伏电源包络信号中的趋势项和周期项。

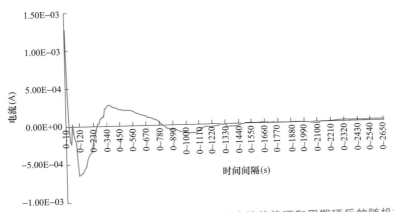

图 5－147　分布式光伏电源 10s 间隔瞬时电流包络去除趋势项和周期项后的随机样本均值

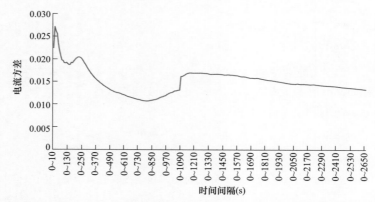

图 5-148　分布式光伏电源 10s 间隔瞬时电流包络去除趋势项和周期项后的随机样本方差

（2）由图 5-149 和图 5-150 可知，电流包络信号和功率包络信号在去除趋势项和周期项后均在 0～20s 时方差值最大，说明此时信号波动最大。

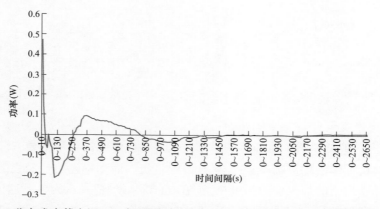

图 5-149　分布式光伏电源 10s 间隔瞬时功率包络去除趋势项和周期项后的随机样本均值

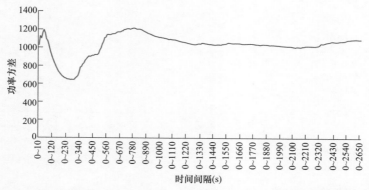

图 5-150　分布式光伏电源 10s 间隔瞬时功率包络去除趋势项和周期项后的随机样本方差

5.2.9.2 概率密度函数分析

针对分布式光伏电源包络信号概率密度函数的分析，在 5.1.3.5 节中提出随着时间的累加，即随着样本量的增加来求得包络信号的概率密度函数，并通过概率密度函数的 $K-L$ 距离来判断随着随机样本量的增加包络信号的分布特性。

1. 去除趋势项后概率密度函数

本书中，利用 MATLAB 程序得出分布式光伏电源电流和功率包络信号去除趋势项后的概率密度函数图，每增加 10s 求得一个概率密度函数，分别得到 266 张图。下面列出 0~2260s 时电流和功率包络信号的概率密度按函数图，如图 5-151 所示。同时，利用 MATLAB 程序得出了电流和功率包络信号概率密度按函数的 $K-L$ 距离，如图 5-152 和图 5-153 所示。

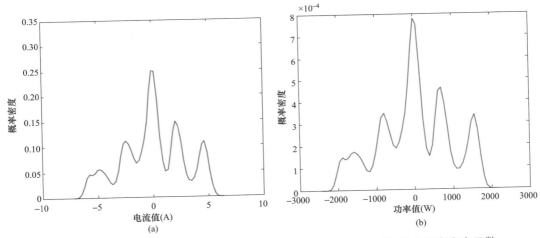

图 5-151 分布式光伏电源 0~2660s 包络去除趋势项后的随机样本概率密度函数
（a）瞬时电流；（b）功率

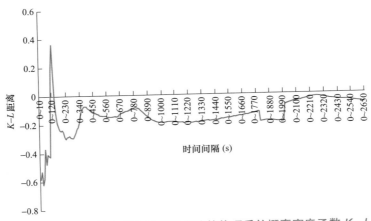

图 5-152 分布式光伏电源电流包络去除趋势项后的概率密度函数 $K-L$ 距离

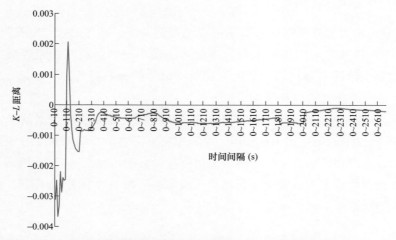

图 5 – 153   分布式光源功率包络去除趋势项后的概率密度函数 $K-L$ 距离

2. 去除趋势项和周期项后概率密度函数

本书中，利用 MATLAB 程序得出分布式光伏电源电流和功率包络信号去除趋势项和周期项后的概率密度函数图，每增加 10s 求得一个概率密度函数，分别得到 266 张图。下面列出 0～2260s 时电流和功率包络信号的概率密度函数图，如图 5 – 154 所示。同时，利用 MATLAB 程序得出了电流和功率包络信号概率密度按函数的 $K-L$ 距离，如图 5 – 155 和图 5 – 156 所示。

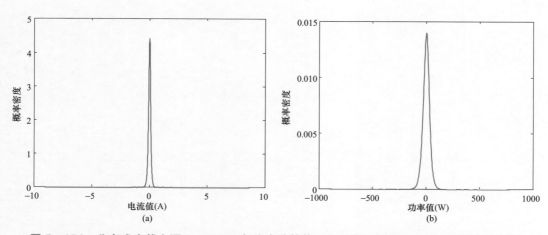

图 5 – 154   分布式光伏电源 0～2660s 包络去除趋势项和周期项后的随机样本概率密度函数
（a）瞬时电流；（b）功率

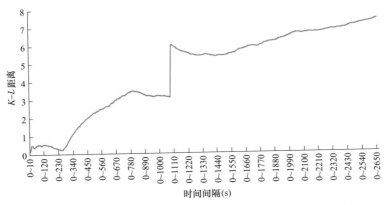

图 5-155　分布式光源电流包络去除趋势项和周期项后的概率密度函数 $K-L$ 距离

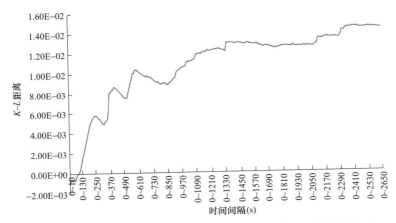

图 5-156　分布式光源功率包络去除趋势项和周期项后的概率密度函数 $K-L$ 距离

由图 5-155 和图 5-156 可知，电流和功率包络信号去除趋势项和周期项后，随着随机样本量的增加，概率密度函数的 $K-L$ 距离逐渐增大。

5.2.9.3　小结

由以上分析可知，采用 5.1.3 节中所描述的随机特性分析方法，可以有效去除非线性电力动态负荷包络信号中的趋势项和周期项，并且可以求出非线性电力动态负荷电流和功率包络信号的均值、方差、概率密度函数三个随机特征参量。其中，电流包络和功率包络在去除趋势项和周期项后的均值很小，可以忽略不计，电流包络信号去除趋势项后方差最大值为 1.6，功率包络信号去除趋势项后方差最大值为 1.6×10^6，电流包络同时去除趋势项和周期项后方差最大值为 0.03 之间，功率包络信号同时去除趋势项和周期项后方差为 $600 \sim 1200$，可知通过去除包络信号中的趋势项和周期项可以将包络信号非平稳随机过程变为弱平稳随机过程。此外，由得出的概率密度函数图以及概率密度函数 $K-L$ 距离可知，分布式光伏发电包络信号服从渐进正态分布特性。

5.2.10 电弧炉包络信号随机特征参数分析结果

针对秦皇岛某公司一号电弧炉现场采集电流和功率包络信号，采用 5.1.3 节所描述的随机特性分析方法对其进行了随机特性分析，得到电流和功率包络信号分布特性，下面给出分析结果。

5.2.10.1 均值、方差分析结果

1. 去除趋势项后分析结果

（1）由图 5－157 和图 5－158 可知，电弧炉电流和功率包络去除趋势项后每个样本均值的最大值分别小于 10^{-11} 和 10^{-7} 数量级，均值非常小，可以忽略不计。这说明，采用 5.1.3.2 节中描述的非线性电力动态负荷去除趋势项的方法可以有效去除电弧炉电流和功率包络信号中的直流分量。

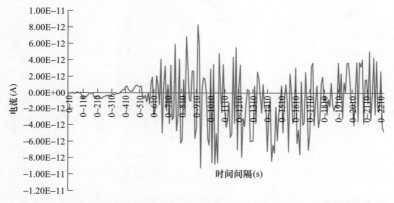

图 5－157　电弧炉 10s 间隔瞬时电流包络去除趋势项后的随机样本均值

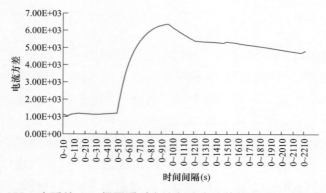

图 5－158　电弧炉 10s 间隔瞬时电流包络去除趋势项后的随机样本方差

（2）由图 5－159 和图 5－160 可知，电流和功率信号包络去除趋势项后在 1010s 时方差最大，说明此时电流和功率波动最大。

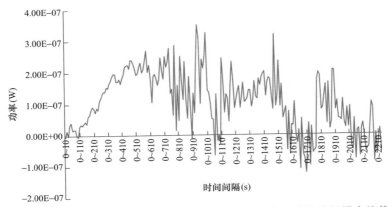

图 5-159　电弧炉 10s 间隔瞬时功率包络去除趋势项后的随机样本均值

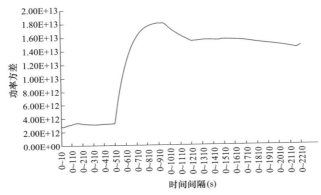

图 5-160　电弧炉 10s 间隔瞬时功率包络去除趋势项后的随机样本方差

2. 去除趋势项和周期项后分析结果

（1）由图 5-161 和图 5-162 可知，电弧炉电流包络信号去除趋势项和周期项后每个随机样本的均值都小于 10^{-2} 数量级，而功率包络信号去除趋势项和周期项后随机样本的均值在 1010s 后基本为零，这说明采用 5.1.3.2 节中去除趋势项和周期项的方法可以有效去除电弧炉包络信号中的趋势项和周期项。

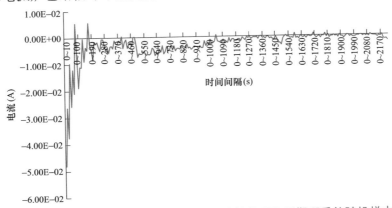

图 5-161　电弧炉 10s 间隔瞬时电流包络去除趋势项和周期项后的随机样本均值

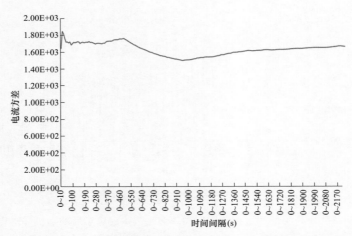

图 5−162　电弧炉 10s 间隔瞬时电流包络去除趋势项和周期项后的随机样本方差

（2）由图 5−163 和图 5−164 可知，电流包络信号去除趋势项和周期项后在 0~20s 时方差值最大，功率包络信号在去除趋势项和周期项后在 0~310s 方差最大，说明此时信号波动最大。

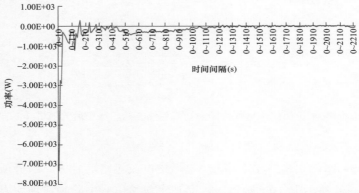

图 5−163　电弧炉 10s 间隔瞬时功率包络去除趋势项和周期项后的随机样本均值

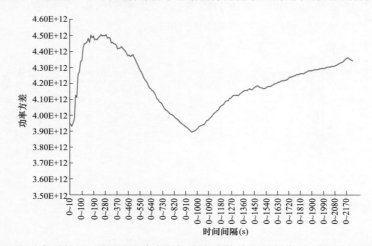

图 5−164　电弧炉 10s 间隔瞬时功率包络去除趋势项和周期项后的随机样本方差

5.2.10.2 概率密度函数分析

1. 去除趋势项后概率密度函数

本书中，利用 MATLAB 程序得出电弧炉电流和功率包络信号去除趋势项后的概率密度函数图，每增加 10s 求得一个概率密度函数，分别得到 223 张图。下面列出 0～500s和 0～2230s 时电流和功率包络信号的概率密度函数图，如图 5-165 和图 5-166 所示。同时，利用 MATLAB 程序得出了电流和功率包络信号概率密度按函数的 $K-L$ 距离，如图 5-167 和图 5-168 所示。

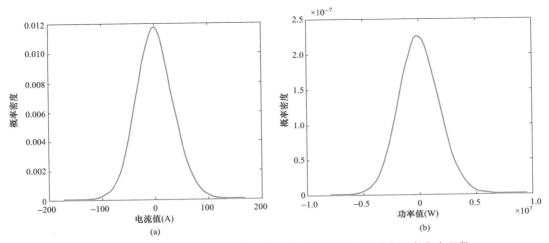

图 5-165　电弧炉 0～500s 包络去除趋势项后的随机样本概率密度函数
（a）瞬时电流；（b）功率

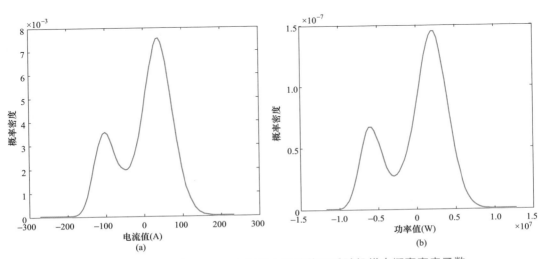

图 5-166　电弧炉 0～2230s 包络去除趋势项后随机样本概率密度函数
（a）瞬时电流；（b）功率

> 169

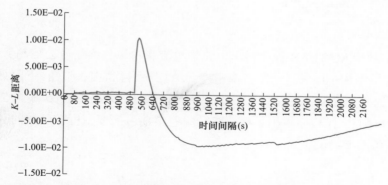

图 5-167　电弧炉瞬时电流包络去除趋势项后的概率密度函数 $K-L$ 距离

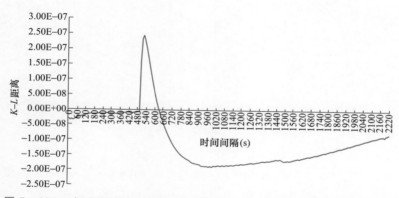

图 5-168　电弧炉瞬时功率包络去除趋势项后的概率密度函数 $K-L$ 距离

（1）由图 5-165 可知，电流和功率包络信号去除趋势项后在 0～500s 时具有近似正态分布特性，但从 500s 以后随着时间的增加，概率密度函数逐渐出现双峰，如图 5-166 所示

（2）由图 5-167 和图 5-168 可知，在 0～500s 内随着样本量的增加，概率密度函数的 $K-L$ 距离逐渐趋于 0，而 500s 以后 $K-L$ 距离增大，说明 500s 以后电流和功率包络信号的概率密度函数不服从渐进正态分布特性。

2. 去除趋势项和周期项后概率密度函数

本书中，利用 MATLAB 程序得出电弧炉电源电流和功率包络信号去除趋势项和周期项后的概率密度函数图，每增加 10s 求得一个概率密度函数，分别得到 223 张图。下面列出 0～2230s 时电流和功率包络信号的概率密度函数图，如图 5-169 所示。同时，利用 MATLAB 程序得出了电流和功率包络信号概率密度函数的 $K-L$ 距离，如图 5-170 和图 5-171 所示。

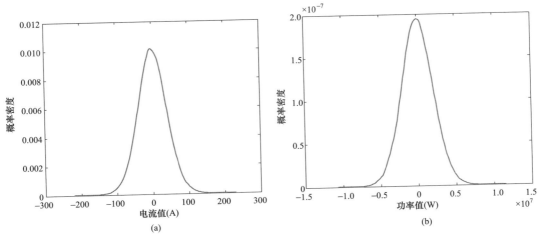

(a)

图 5-169　电弧炉 0～2230s 包络去除趋势项和周期项后的随机样本概率密度函数

（a）瞬时电流；（b）功率

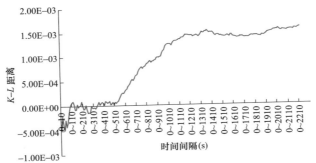

图 5-170　电弧炉瞬时电流包络去除趋势项和周期项后的概率密度函数 $K-L$ 距离

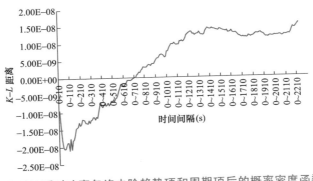

图 5-171　电弧炉瞬时功率包络去除趋势项和周期项后的概率密度函数 $K-L$ 距离

（1）由图 5-169 可知，电流和功率包络信号去除趋势项和周期项后在 0～2230s 内具有近似正态分布特性。

（2）由图 5-170 和图 5-171 可知，电流和功率包络信号去除趋势项和周期项后，随着样本量的增加概率密度函数的 $K-L$ 距离逐渐增大，但最大值分别小于 2×10^{-3} 和 2×10^{-8} 数量级，$K-L$ 距离很小，说明电流和功率包络信号去除趋势项和周期项后具有正态分布特性。

5.2.10.3　小结

由以上分析可知，电弧炉电流包络和功率包络在去除趋势项和周期项后的均值很小，可以忽略不计，电流包络信号去除趋势项后方差为 $1 \times 10^3 \sim 7 \times 10^3$，电流包络同时去除趋势项和周期项后方差为 $1.5 \times 10^3 \sim 2 \times 10^3$，功率包络信号去除趋势项后方差为 $4 \times 10^{12} \sim 2 \times 10^{13}$，功率包络信号同时去除趋势项和周期项后方差为 $3.9 \times 10^{12} \sim 4.6 \times 10^{12}$，可知通过去除包络信号中的趋势项和周期项可以将包络信号非平稳随机过程变为弱平稳随机过程。此外，由得出的概率密度函数图可知，电流和功率信号去除趋势项后具有渐进正态分布特性，去除趋势项和周期项后具有正态分布特性。

5.2.11　轧钢机包络信号随机特征参数分析结果

针对秦皇岛某公司 2 号轧钢机现场采集的电流和功率包络信号，采用 5.1.3 节所描述的随机特性分析方法对其进行随机特性分析，得到电流和功率包络信号分布特性，下面给出分析结果。

5.2.11.1　均值、方差分析结果

1. 去除趋势项后分析结果

（1）由图 5-172 和图 5-173 可知，轧钢机电流和功率包络去除趋势项后每个样本均值的最大值分别小于 10^{-9} 和 10^{-7} 数量级，均值非常小，可以忽略不计。这说明，采用 5.1.3.2 节中描述的非线性电力动态负荷去除趋势项的方法可以有效去除电弧炉电流和功率包络信号中的直流分量。

（2）由图 5-174 和图 5-175 可知，电流和功率信号包络去除趋势项后在 1310s 时方差最大，说明此时电流和功率波动最大。

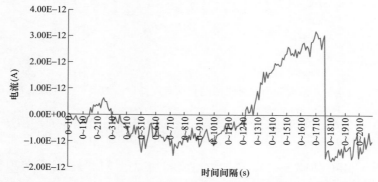

图 5-172　轧钢机 10s 间隔瞬时电流包络去除趋势项后的随机样本均值

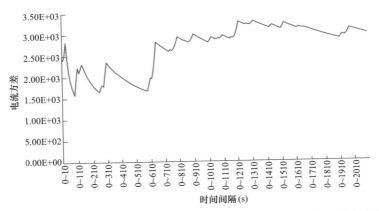

图 5-173　轧钢机 10s 间隔瞬时电流包络去除趋势项后的随机样本方差

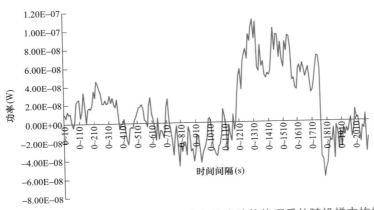

图 5-174　轧钢机 10s 间隔瞬时功率包络去除趋势项后的随机样本均值

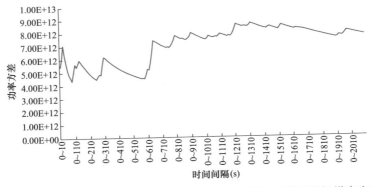

图 5-175　轧钢机 10s 间隔瞬时功率包络去除趋势项后的随机样本方差

2. 去除趋势项和周期项后分析结果

（1）由图 5-176 和图 5-177 可知，轧钢机电流包络信号去除趋势项和周期项后随机样本均值的最大值为 3A，310s 后均值基本为零，而功率包络信号去除趋势项和周期项后随机样本均值在 310s 后均值也基本为零。

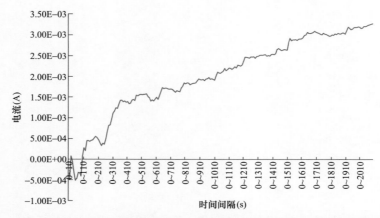

图 5-176 轧钢机 10s 间隔瞬时电流包络去除趋势项和周期项后的随机样本均值

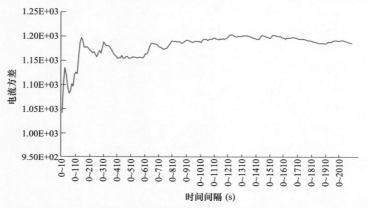

图 5-177 轧钢机 10s 间隔瞬时电流包络去除趋势项和周期项后的随机样本方差

（2）由图 5-178 和图 5-179 可知，电流包络信号去除趋势项和周期项后在 0～200s 方差值最大，功率包络信号在去除趋势项和周期项后在 0～10s 方差最大，说明此时信号波动最大。

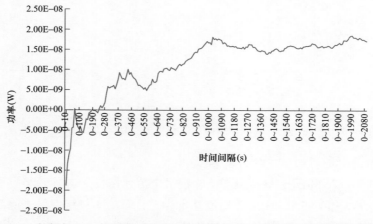

图 5-178 轧钢机 10s 间隔瞬时功率包络去除趋势项和周期项后的随机样本均值

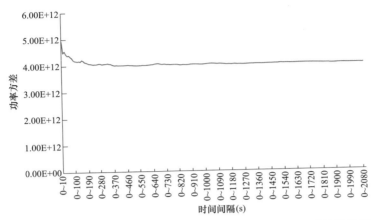

图 5－179　轧钢机 10s 间隔瞬时功率包络去除趋势项和周期项后的随机样本方差

5.2.11.2　概率密度函数分析

1. 去除趋势项后概率密度函数

利用 MATLAB 程序得出轧钢机电流和功率包络信号去除趋势项后的概率密度函数图，每增加 10s 求得一个概率密度函数，分别得到 210 张图。下面列出 0～2100s 时电流和功率包络信号的概率密度函数图，如图 5－180 所示。同时，利用 MATLAB 程序得出了电流和功率包络信号概率密度函数的 $K-L$ 距离，如图 5－181 和图 5－182 所示。

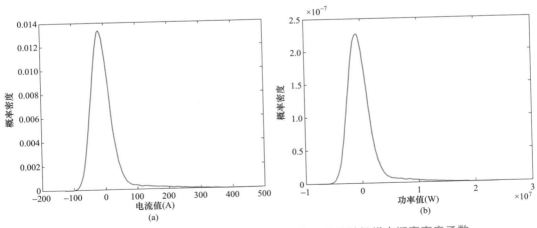

图 5－180　轧钢机 0～2100s 包络去除趋势项后的随机样本概率密度函数

（a）瞬时电流；（b）功率

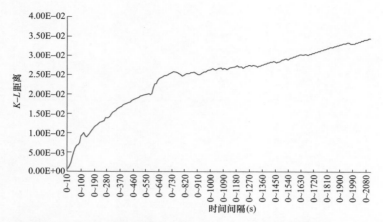

图 5-181 轧钢机瞬时电流包络去除趋势项后的概率密度函数 $K-L$ 距离

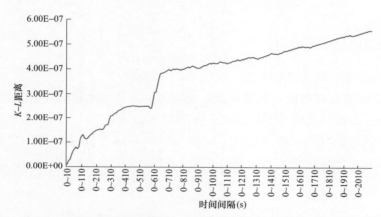

图 5-182 轧钢机瞬时功率包络去除趋势项后的概率密度函数 $K-L$ 距离

（1）由图 5-180 可知，电流和功率包络信号去除趋势项后在 0~2100s 具有渐进正态分布特性。

（2）由图 5-181 和图 5-182 可知，电流和功率包络信号去除趋势项后随着样本量的增加，概率密度函数的 $K-L$ 距离逐渐增大，但最大值分别小于 4×10^{-5} 和 6×10^{-7} 数量级，$K-L$ 距离很小，说明电流和功率包络信号去除趋势项后具有渐进正态分布特性。

2. 去除趋势项和周期项后概率密度函数

利用 MATLAB 程序得出轧钢机电流和功率包络信号去除趋势项和周期项后的概率密度函数图，每增加 10s 求得一个概率密度函数，分别得到 210 张图。下面列出 0~2100s时电流和功率包络信号的概率密度函数图，如图 5-183 所示。同时，利用 MATLAB程序得出了电流和功率包络信号概率密度函数的 $K-L$ 距离，如图 5-184 和图 5-185所示。

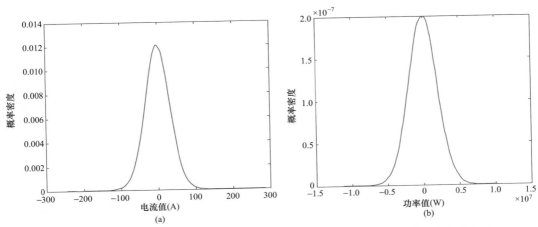

图 5－183　轧钢机 0～2100s 包络去除趋势项和周期项后的随机样本概率密度函数

（a）瞬时电流；（b）功率

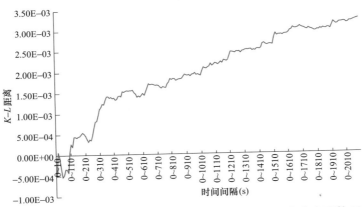

图 5－184　轧钢机瞬时电流包络去除趋势项和周期项后的概率密度函数 $K-L$ 距离

图 5－185　轧钢机瞬时功率包络去除趋势项和周期项后的概率密度函数 $K-L$ 距离

（1）由图5-183可知，电流和功率包络信号去除趋势项后在0～2100s具有渐进正态分布特性。

（2）由图5-184和图5-185可知，电流和功率包络信号去除趋势项后随着样本量的增加，概率密度函数的$K-L$距离逐渐增大，但最大值分别小于3.5×10^{-8}和2.6×10^{-8}数量级，$K-L$距离很小，说明电流和功率包络信号去除趋势项后具有渐进正态分布特性。

5.2.11.3　小结

由以上分析可知，轧钢机电流和功率包络在去除趋势项和周期项后的均值很小，可以忽略不计，电流包络信号去除趋势项后方差为1.5×10^{9}～3.5×10^{9}，电流包络同时去除趋势项和周期项后方差为1×10^{9}～1.2×10^{9}，功率包络信号去除趋势项后方差为4×10^{12}～9×10^{12}，功率包络信号同时去除趋势项和周期项后方差为4×10^{12}～5×10^{12}。此外，由概率密度函数图可知，电流和功率信号具有渐进正态分布特性。

5.2.12　电气化铁路包络信号随机特征参数分析结果（一）

针对山海关牵引变电站电气化铁路的电流和功率包络信号，利用5.1.3节所描述的随机特性分析方法对其进行了随机特性分析，并得到电流和功率包络信号分布特性，下面给出分析结果。

5.2.12.1　均值、方差分析结果

1. 去除趋势项后分析结果

（1）由图5-186和图5-187可知，电气化铁路电流包络信号去除趋势项后随机样本均值的最大值小于5×10^{-12}，而功率包络信号去除趋势项后随机样本均值的最大值小于9×10^{-9}。

（2）由图5-188和图5-189可知，电流包络信号去除趋势项后在1130s时方差最大，功率包络信号去除趋势项后在3180s时方差最大，说明此时信号波动最大。

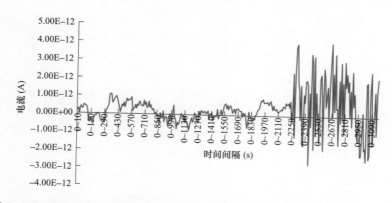

图5-186　电气化铁路10s间隔瞬时电流包络去除趋势项后的随机样本均值

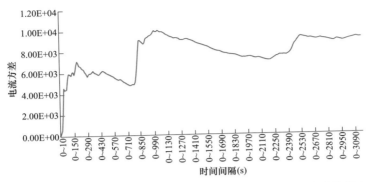

图 5-187　电气化铁路 10s 间隔瞬时电流包络去除趋势项后的随机样本方差

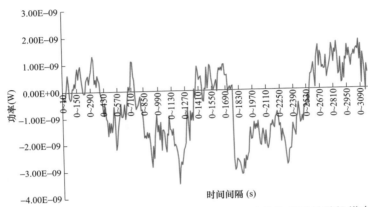

图 5-188　电气化铁路 10s 间隔瞬时功率包络去除趋势项后的随机样本均值

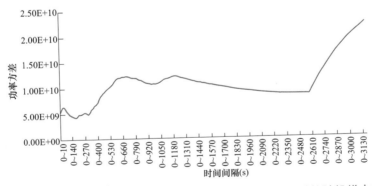

图 5-189　电气化铁路 10s 间隔瞬时功率包络去除趋势项后的随机样本方差

2. 去除趋势项和周期项后分析结果

（1）由图 5-190 和图 5-191 可知，电气化铁路电流包络信号去除趋势项和周期项后随机样本均值的最大值为 0.1A，400s 后均值基本为零，而功率包络信号去除趋势项和周期项后随机样本的均值在 270s 后也基本为零。

（2）由图 5-192 和图 5-193 可知，电流包络信号和功率包络信号去除趋势项和周期项后在 20s 方差最大，说明此时信号波动最大。

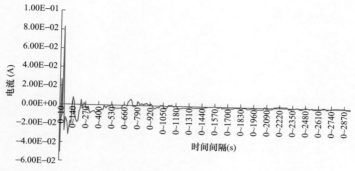

图 5-190　电气化铁路 10s 间隔瞬时电流包络去除趋势项和周期项后的随机样本均值

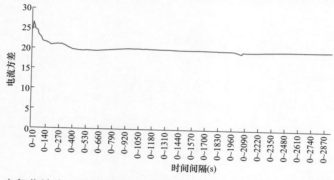

图 5-191　电气化铁路 10s 间隔瞬时电流包络去除趋势项和周期项后的随机样本方差

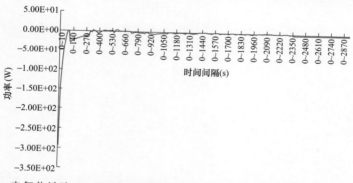

图 5-192　电气化铁路 10s 间隔瞬时功率包络去除趋势项和周期项后的随机样本均值

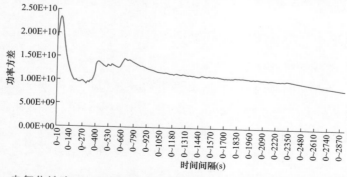

图 5-193　电气化铁路 10s 间隔瞬时功率包络去除趋势项和周期项后的随机样本方差

5.2.12.2　概率密度函数分析

1. 去除趋势项后概率密度函数

利用 MATLAB 程序得出电气化铁路电流和功率包络信号去除趋势项后的概率密度函数图，每增加 10s 求得一个概率密度函数，分别得到 318 张图。下面列出 0～3180s 电流和功率包络信号的概率密度按函数图，如图 5-194 所示。同时，利用 MATLAB 程序得出了电流和功率包络信号概率密度函数的 $K-L$ 距离，如图 5-195 和图 5-196 所示。

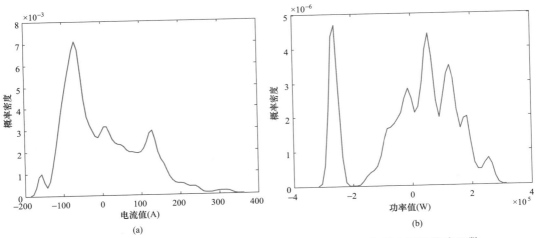

图 5-194　电气化铁路 0～3180s 包络去除趋势项后的随机样本概率密度函数
（a）瞬时电流；（b）功率

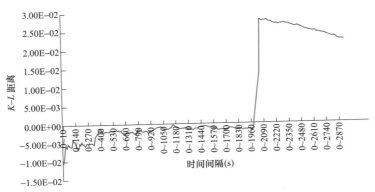

图 5-195　电气化铁路瞬时电流包络去除趋势项后的概率密度函数 $K-L$ 距离

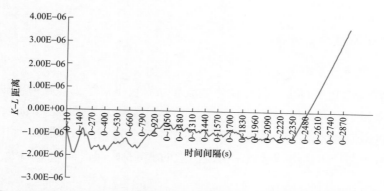

图 5-196 电气化铁路瞬时功率包络去除趋势项后的概率密度函数 $K-L$ 距离

（1）由图 5-194 可知，电流和功率包络信号去除趋势项后在 0~3180s 内不具有近似正态分布特性。

（2）由图 5-195 和图 5-196 可知，电流和功率包络信号去除趋势项后随着样本量的增加，概率密度函数的 $K-L$ 距离逐渐增大，说明电流和功率包络信号去除趋势项后不具有正态分布特性。

2. 去除趋势项和周期项后概率密度函数

利用 MATLAB 程序得出电气化铁路电流和功率包络信号去除趋势项和周期项后的概率密度函数图，每增加 10s 求得一个概率密度函数，分别得到 318 张图。下面列出 0~3180s 时电流和功率包络信号的概率密度函数图，如图 5-197 所示。同时，利用 MATLAB 程序得出了电流和功率包络信号概率密度函数的 $K-L$ 距离，如图 5-198 和图 5-199所示。

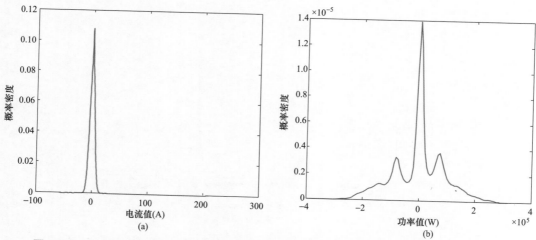

图 5-197 电气化铁路 0~3180s 包络去除趋势项和周期项后的随机样本概率密度函数

(a) 瞬时电流；(b) 功率

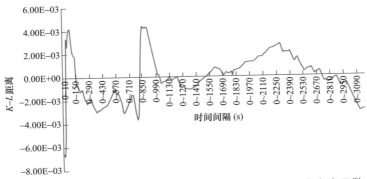

图 5-198　电气化铁路瞬时电流包络去除趋势项和周期项后的概率密度函数 $K-L$ 距离

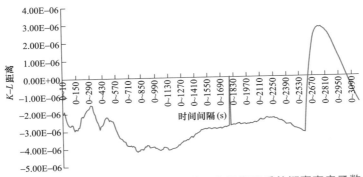

图 5-199　电气化铁路瞬时功率包络去除趋势项和周期项后的概率密度函数 $K-L$ 距离

（1）由图 5-197 可知，电流和功率包络信号去除趋势项和周期项后在 0～3180s 内不具有渐进正态分布特性。

（2）由图 5-198 和图 5-199 可知，电流和功率包络信号去除趋势项和周期项后随着样本量的增加，概率密度函数的 $K-L$ 距离逐渐增大，说明电流和功率包络信号去除趋势项后具有渐进正态分布特性。

5.2.12.3　小结

由以上分析可知，电流包络和功率包络在去除趋势项和周期项后的均值很小，可以忽略不计，电流包络信号去除趋势项后方差最大值为 1×10^{4}，功率包络信号去除趋势项后方差最大值为 2.5×10^{10}，电流包络同时去除趋势项和周期项后方差最大值为 27，功率包络信号同时去除趋势项和周期项后方差为 $1 \times 10^{10} \sim 2.5 \times 10^{10}$，可知通过去除包络信号中的趋势项和周期项可以将包络信号非平稳随机过程变为弱平稳随机过程。此外，由得出的概率密度函数图以及概率密度函数 $K-L$ 距离可知电气化铁路包络信号不服从渐进正态分布特性。

5.2.13　电气化铁路包络信号随机特征参数分析结果（二）

针对秦北牵引变电站电气化铁路 3 月 29 日现场采集的电流和功率包络信号，采用

5.1.3 节所描述的随机特性分析方法对其进行随机特性分析，并得到电流和功率包络信号分布特性，下面给出分析结果。

5.2.13.1 均值、方差分析结果

1. 去除趋势项后分析结果

（1）由图 5-200 和图 5-201 可知，电气化铁路电流包络信号去除趋势项后随机样本的均值最大值小于 2×10^{-12}，而功率包络信号去除趋势项后随机样本的均值最大值小于 1.4×10^{-8}。这说明，采用 5.1.3.2 节中提出的去除趋势项和周期项的方法可以有效去除电气化铁路包络信号中的趋势项和周期项。

（2）由图 5-202 和图 5-203 可知，电流包络信号去除趋势项后在 130s 时方差最大，功率包络信号去除趋势项后在 50s 时方差最大，说明此时信号波动最大。

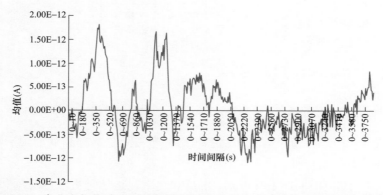

图 5-200　秦北电气化铁路 10s 间隔瞬时电流包络去除趋势项后的随机样本均值

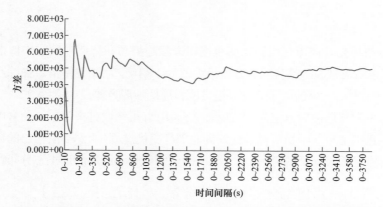

图 5-201　秦北电气化铁路 10s 间隔瞬时电流包络去除趋势项后的随机样本方差

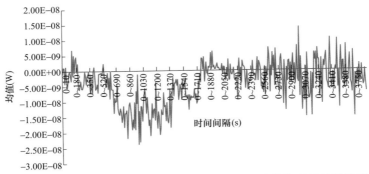

图 5-202　秦北电气化铁路 10s 间隔瞬时功率包络去除趋势项后的随机样本均值

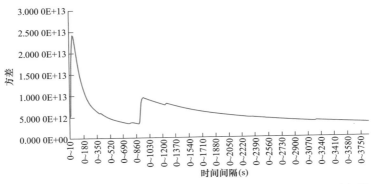

图 5-203　秦北电气化铁路 10s 间隔瞬时功率包络去除趋势项后的随机样本方差

2. 去除趋势项和周期项后分析结果

（1）由图 5-204 和图 5-205 可知，电气化铁路电流包络信号去除趋势项和周期项后随机样本的均值最大值小于 0.03A，而功率包络信号去除趋势项和周期项后随机样本的均值在 40s 后变化比较小。

（2）由图 5-206 和图 5-207 可知，电流包络信号去除趋势项和周期项后在 30s 时方差最大，功率包络信号去除趋势项和周期项后在 300s 时方差最大，说明此时信号波动最大。

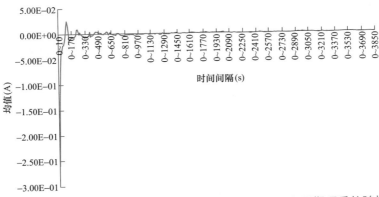

图 5-204　秦北电气化铁路 10s 间隔瞬时电流包络去除趋势项和周期项后的随机样本均值

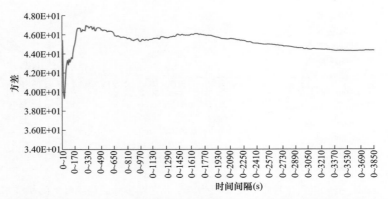

图 5-205　秦北电气化铁路 10s 间隔瞬时电流包络去除趋势项和周期项后的随机样本方差

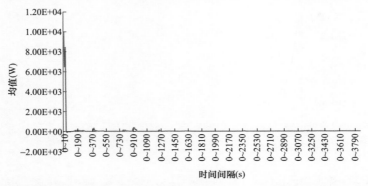

图 5-206　秦北电气化铁路 10s 间隔瞬时功率包络去除趋势项和周期项后的随机样本均值

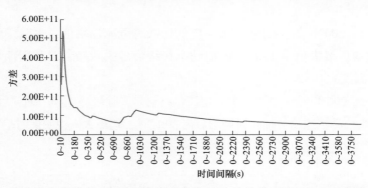

图 5-207　秦北电气化铁路 10s 间隔瞬时功率包络去除趋势项和周期项后的随机样本方差

5.2.13.2　概率密度函数分析

1. 去除趋势项后概率密度函数

利用 MATLAB 程序得出电气化铁路电流和功率包络信号去除趋势项后的概率密度函数图，每增加 10s 求得一个概率密度函数，分别得到 386 张图。下面列出 0～3859s 电流和功率包络信号的概率密度函数图，如图 5-208 所示。同时利用 MATLAB 程序得出了电流和功率包络信号概率密度按函数的 $K-L$ 距离，如图 5-209 和图 5-210 所示。

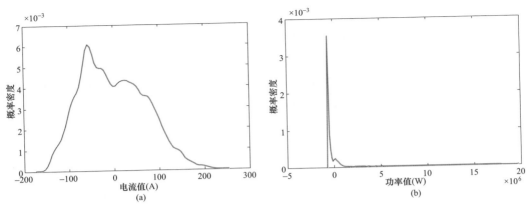

图 5-208　秦北电气化铁路 0～3859s 包络去除趋势项后的随机样本概率密度函数

(a) 瞬时电流；(b) 功率

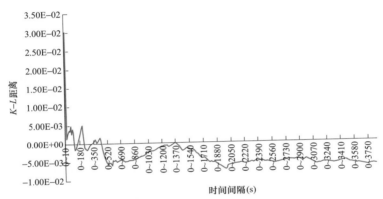

图 5-209　秦北电气化铁路瞬时电流包络去除趋势项后的概率密度函数 $K-L$ 距离

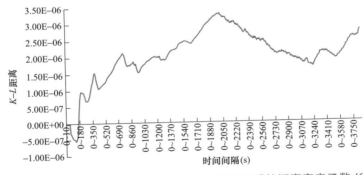

图 5-210　秦北电气化铁路瞬时功率包络去除趋势项后的概率密度函数 $K-L$ 距离

　　(1) 由图 5-208 可知，电流和功率包络信号去除趋势项后在 0～3859s 内不具有渐进正态分布特性。

　　(2) 由图 5-209 和图 5-210 可知，电流和功率包络信号去除趋势项后，随着样本量的增加概率密度函数的 $K-L$ 距离逐渐增大，说明电流和功率包络信号去除趋势项后具有渐进正态分布特性。

2. 去除趋势项和周期项后概率密度函数

利用 MATLAB 程序得出电气化铁路电流和功率包络信号去除趋势项和周期项后的概率密度函数图，每增加 10s 求得一个概率密度函数，分别得到 386 张图。下面列出 0～3859s 电流和功率包络信号的概率密度按函数图，如图 5-211 所示。同时利用 MATLAB 程序得出了电流和功率包络信号概率密度按函数的 $K-L$ 距离，如图 5-212 和图 5-213 所示。

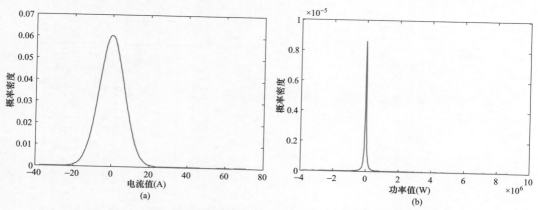

图 5-211 秦北电气化铁路 0～3180s 瞬时电流和功率包络
去除趋势项和周期项后随机样本的概率密度函数

（a）瞬时电流；（b）功率

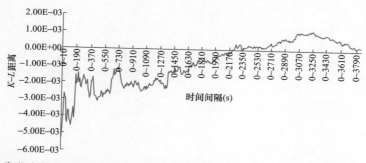

图 5-212 秦北电气化铁路瞬时电流包络去除趋势项和周期项后概率密度函数的 $K-L$ 距离

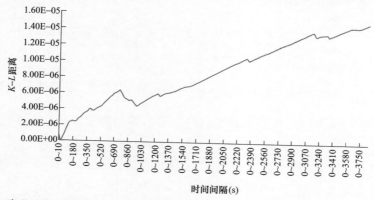

图 5-213 秦北电气化铁路瞬时功率包络去除趋势项和周期项后概率密度函数的 $K-L$ 距离

（1）由图 5−211 可知，电流和功率包络信号去除趋势项和周期项后在 0～3859s 具有渐进正态分布特性。

（2）由图 5−212 和图 5−213 可知，电流包络信号去除趋势项和周期项后，随着样本量的增加概率密度函数的 $K-L$ 距离逐渐减小，功率包络信号去除趋势项和周期项后，随着样本量的增加概率密度函数的 $K-L$ 距离逐渐增大，但 $K-L$ 距离值都特别小（几乎为 0），说明电流和功率包络信号去除趋势项后具有渐进正态分布特性。

5.2.13.3 小结

由以上分析可知，电流和功率包络在去除趋势项和周期项后的均值很小，可以忽略不计，电流包络信号去除趋势项后方差为 1000～6750，电流包络同时去除趋势项和周期项后方差为 39～47，功率包络信号去除趋势项后方差为 3.4×10^{12}～2.5×10^{13}，功率包络信号同时去除趋势项和周期项后方差为 5.2×10^{10}～5.4×10^{11} 之间，可知通过去除包络信号中的趋势项和周期项可以将包络信号非平稳随机过程变为弱平稳随机过程。此外，由概率密度函数图以及概率密度函数 $K-L$ 距离可知，电气化铁路包络信号去除趋势项和周期项后服从渐进正态分布特性。

5.2.14 电气化铁路包络信号随机特征参数分析结果（三）

针对山海关牵引变电站电气化铁路 3 月 28 日的电流和功率包络信号，利用 5.1.3 节中的随机特性分析方法对其进行了随机特性分析，并得到电流和功率包络信号分布特性，下面给出分析结果。

5.2.14.1 均值、方差分析结果

1. 去除趋势项后分析结果

（1）由图 5−214 和图 5−215 可知，电气化铁路电流包络信号去除趋势项后随机样本的均值最大值小于 2.6×10^{-12}，而功率包络信号去除趋势项后随机样本的均值最大值小于 5.3×10^{-9}。

（2）由图 5−216 和图 5−217 可知，电流包络信号去除趋势项后在 130s 时方差最大，功率包络信号去除趋势项后在 2860s 时方差最大，说明此时信号波动最大。

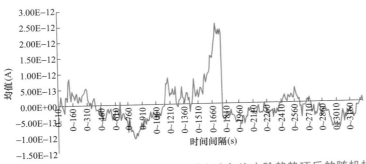

图 5−214 山海关电气化铁路 10s 间隔瞬时电流包络去除趋势项后的随机样本均值

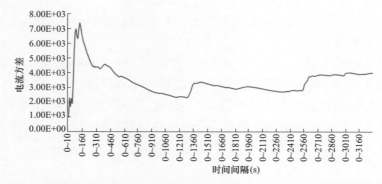

图 5-215 山海关电气化铁路 10s 间隔瞬时电流包络去除趋势项后的随机样本方差

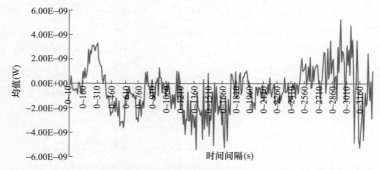

图 5-216 山海关电气化铁路 10s 间隔瞬时功率包络去除趋势项后的随机样本均值

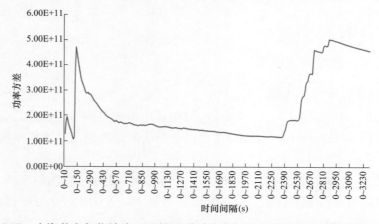

图 5-217 山海关电气化铁路 10s 间隔瞬时功率包络去除趋势项后的随机样本方差

2. 去除趋势项和周期项后分析结果

（1）由图 5-218 和图 5-219 可知，电气化铁路电流包络信号去除趋势项和周期项后随机样本的均值最大值小于 0.07A，而功率包络信号去除趋势项和周期项后随机样本的均值在 260s 后变化比较小。

（2）由图 5-220 和图 5-221 可知，电流包络信号去除趋势项和周期项后在 160s 时方差最大，功率包络信号去除趋势项和周期项后在 590s 时方差最大，说明此时信号波动最大。

190

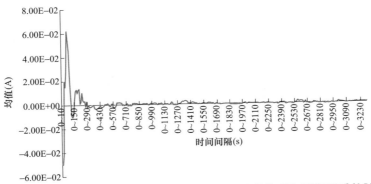

图 5-218　山海关电气化铁路 10s 间隔瞬时电流包络去除趋势项和周期项后的随机样本均值

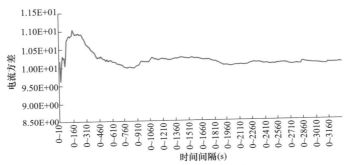

图 5-219　山海关电气化铁路 10s 间隔瞬时电流包络去除趋势项和周期项后的随机样本方差

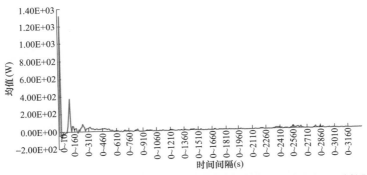

图 5-220　山海关电气化铁路 10s 间隔瞬时功率包络去除趋势项和周期项后的随机样本均值

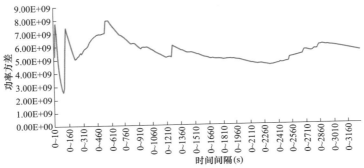

图 5-221　山海关电气化铁路 10s 间隔瞬时功率包络去除趋势项和周期项后的随机样本方差

5.2.14.2 概率密度函数分析

1. 去除趋势项后概率密度函数

利用MATLAB程序得出电气化铁路电流和功率包络信号去除趋势项和后的概率密度函数图,每增加 10s 求得一个概率密度函数,分别得到 330 张图。下面列出 0~3299s 电流和功率包络信号的概率密度函数图,如图 5-222 所示。同时利用 MATLAB 程序得出了电流和功率包络信号概率密度按函数的 $K-L$ 距离,如图 5-223 和图 5-224 所示。

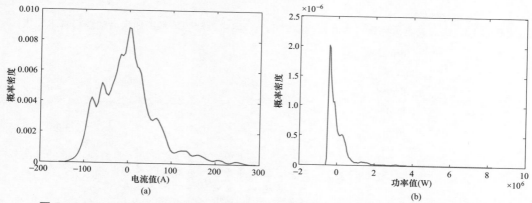

图 5-222 山海关电气化铁路 0~3299s 包络去除趋势项后随机样本的概率密度函数
(a)瞬时电流;(b)功率

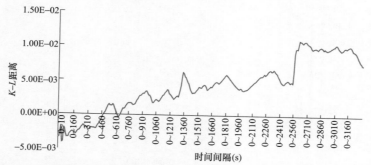

图 5-223 山海关电气化铁路瞬时电流包络去除趋势项后概率密度函数的 $K-L$ 距离

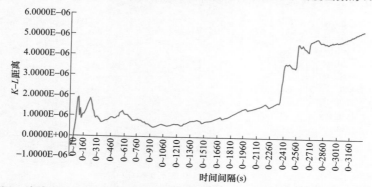

图 5-224 山海关电气化铁路瞬时功率包络去除趋势项后概率密度函数的 $K-L$ 距离

（1）由图 5－222 可知，电流和功率包络信号去除趋势项后在 0～3299s 具有渐进正态分布特性。

（2）由图 5－223 和图 5－224 可知，电流和功率包络信号去除趋势项后，随着样本量的增加概率密度函数的 $K-L$ 距离逐渐增大，说明电流和功率包络信号去除趋势项后具有对数正态分布特性。

2. 去除趋势项和周期项后概率密度函数

利用 MATLAB 程序得出电气化铁路电流和功率包络信号去除趋势项和周期项后的概率密度函数图，每增加 10s 求得一个概率密度函数，分别得到 330 张图。下面列出 0～3299s 电流和功率包络信号的概率密度按函数图，如图 5－225 所示。同时利用 MATLAB 程序得出了电流和功率包络信号概率密度按函数的 $K-L$ 距离，如图 5－226 和图 5－227 所示。

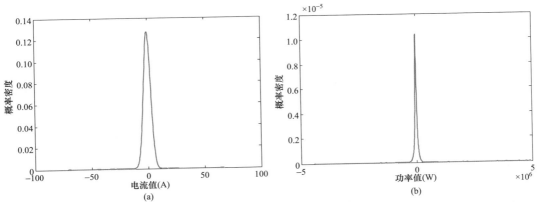

图 5－225　山海关电气化铁路 0～3299s 包络去除趋势项和周期项后随机样本的概率密度函数
（a）瞬时电流；（b）功率

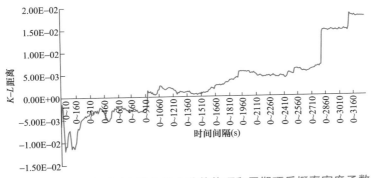

图 5－226　山海关电气化铁路瞬时电流包络去除趋势项和周期项后概率密度函数的 $K-L$ 距离

（1）由图 5－225 可知，电流和功率包络信号去除趋势项和周期项后在 0～3299s 具有渐进正态分布特性。

（2）由图 5－226 和图 5－227 可知，电流包络信号去除趋势项和周期项后，随着样本量的增加概率密度函数的 $K-L$ 距离逐渐增大，功率包络信号去除趋势项和周期项后，随着样本量的增加概率密度函数的 $K-L$ 距离逐渐增大，但 $K-L$ 距离值都特别小（几乎为 0），说明电流和功率包络信号去除趋势项后具有渐进正态分布特性。

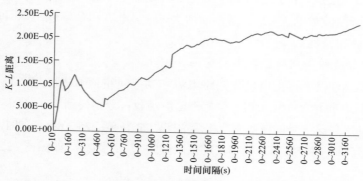

图 5-227　山海关电气化铁路瞬时功率包络去除趋势项和
周期项后概率密度函数的 $K-L$ 距离

5.2.14.3　小结

电气化铁路电流包络和功率包络在去除趋势项和周期项后的均值很小，可以忽略不计；电流包络信号去除趋势项后方差为 1025～7410，电流包络同时去除趋势项和周期项后方差为 9.5～11.2；功率包络信号去除趋势项后方差为 1×10^{11}～5.1×10^{11}，功率包络信号同时去除趋势项和周期项后方差为 2.6×10^9～8.0×10^9。由此可知，通过去除包络信号中的趋势项和周期项可以将包络信号非平稳随机过程变为弱平稳随机过程。此外，由得出的概率密度函数图以及概率密度函数 $K-L$ 距离可知电气化铁路包络信号去除趋势项和周期项后服从渐进正态分布特性。

5.2.15　电气化铁路包络信号随机特征参数分析结果（四）

针对山海关牵引变电站电气化铁路 3 月 29 日的电流和功率包络信号，利用 5.1.3 节中的随机特性分析方法对其进行了随机特性分析，并得到电流和功率包络信号分布特性，下面给出分析结果。

5.2.15.1　均值、方差分析结果

1. 去除趋势项后分析结果

（1）由图 5-228 和图 5-229 可知，电气化铁路电流包络信号去除趋势项后随机样本的均值最大值小于 5.5×10^{-13}，而功率包络信号去除趋势项后随机样本均值最大值小于 1.6×10^{-8}。

（2）由图 5-230 和图 5-231 可知，电流包络信号去除趋势项后在 1040s 时方差最大，功率包络信号去除趋势项后在 1230s 时方差最大，说明此时信号波动最大。

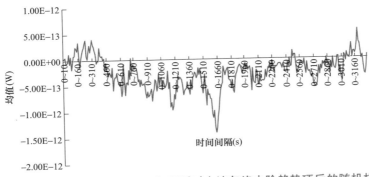

图 5-228　山海关电气化铁路 10s 间隔瞬时电流包络去除趋势项后的随机样本均值

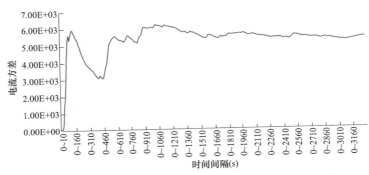

图 5-229　山海关电气化铁路 10s 间隔瞬时电流包络去除趋势项后的随机样本方差

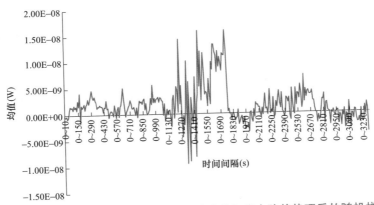

图 5-230　山海关电气化铁路 10s 间隔瞬时功率包络去除趋势项后的随机样本均值

2. 去除趋势项和周期项后分析结果

（1）由图 5-232 和图 5-233 可知，电气化铁路电流包络信号去除趋势项和周期项后随机样本的均值最大值小于 0.05A，而功率包络信号去除趋势项和周期项后随机样本均值在 150s 后变化比较小。

（2）由图 5-234 和图 5-235 可知，电流包络信号去除趋势项和周期项后在 100s 时方差最大，功率包络信号去除趋势项和周期项后在 190s 时方差最大，说明此时信号波动最大。

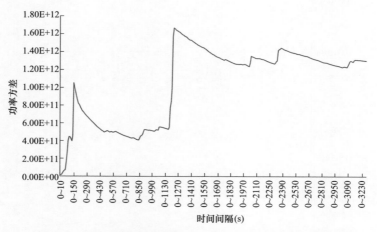

图 5-231　山海关电气化铁路 10s 间隔瞬时功率包络去除
趋势项后的随机样本方差

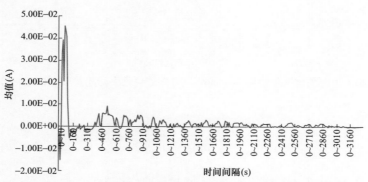

图 5-232　山海关电气化铁路 10s 间隔瞬时电流包络去除趋势项和
周期项后的随机样本均值

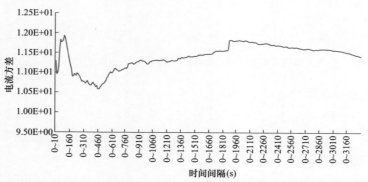

图 5-233　山海关电气化铁路 10s 间隔瞬时电流包络去除趋势项和
周期项后的随机样本方差

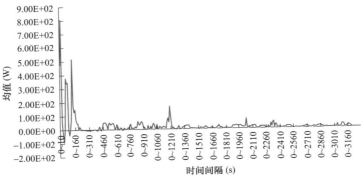

图 5-234　山海关电气化铁路 10s 间隔瞬时功率包络去除趋势项和周期项后的随机样本均值

图 5-235　山海关电气化铁路 10s 间隔瞬时功率包络去除趋势项和周期项后的随机样本方差

5.2.15.2　概率密度函数分析

1. 去除趋势项后概率密度函数

利用 MATLAB 程序得出电气化铁路电流和功率包络信号去除趋势项后的概率密度函数图，每增加 10s 求得一个概率密度函数，分别得到 330 张图。下面列出 0～3299s 时电流和功率包络信号的概率密度函数图，如图 5-236 所示。同时利用 MATLAB 程序得出了电流和功率包络信号概率密度按函数的 $K-L$ 距离，如图 5-237 和图 5-238 所示。

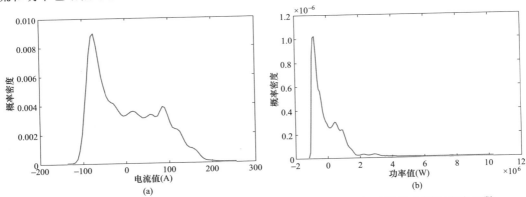

图 5-236　山海关电气化铁路 0～3299s 包络去除趋势项后的随机样本概率密度函数

（a）瞬时电流；（b）功率

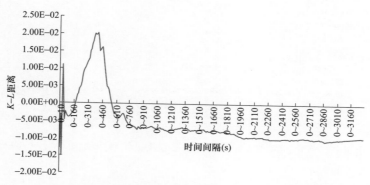

图 5-237　山海关电气化铁路瞬时电流包络去除趋势项后
概率密度函数的 $K-L$ 距离

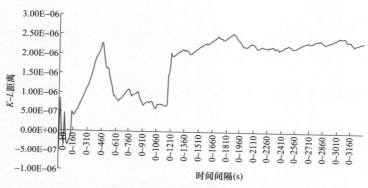

图 5-238　山海关电气化铁路瞬时功率包络去除趋势项后
概率密度函数的 $K-L$ 距离

（1）由图 5-236 可知，电流和功率包络信号去除趋势项后在 0～3299s 具有对数正态分布特性。

（2）由图 5-237 和图 5-238 可知，电流和功率包络信号去除趋势项后，随着样本量的增加概率密度函数的 $K-L$ 距离逐渐增大，说明电流和功率包络信号去除趋势项后具有对数正态分布特性。

2. 去除趋势项和周期项后概率密度函数

利用 MATLAB 程序得出电气化铁路电流和功率包络信号去除趋势项和周期项后的概率密度函数图，每增加 10s 求得一个概率密度函数，分别得到 330 张图。下面列出 0～3299s 电流和功率包络信号的概率密度按函数图，如图 5-239 所示。同时利用 MATLAB 程序得出了电流和功率包络信号概率密度按函数的 $K-L$ 距离，如图 5-240 和图 5-241 所示。

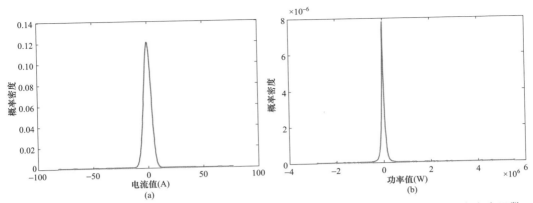

图 5-239　山海关电气化铁路 0~3299s 包络去除趋势项和周期项后随机样本的概率密度函数

(a) 瞬时电流；(b) 功率

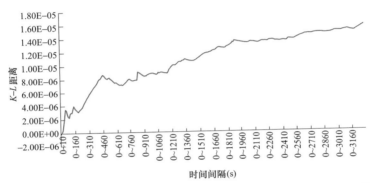

图 5-240　山海关电气化铁路瞬时电流包络去除趋势项和周期项后概率密度函数的 $K-L$ 距离

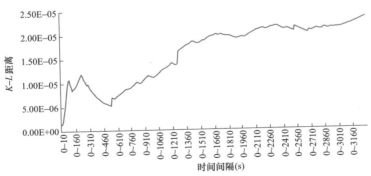

图 5-241　山海关电气化铁路瞬时功率包络去除趋势项和周期项后概率密度函数的 $K-L$ 距离

（1）由图 5-239 可知，电流和功率包络信号去除趋势项后在 0~3299s 具有渐进正态分布特性。

（2）由图 5-240 和图 5-241 可知，电流包络信号去除趋势项和周期项后，随着样本量的增加概率密度函数的 $K-L$ 距离逐渐减小，功率包络信号去除趋势项和周期项后，随着样本量的增加概率密度函数的 $K-L$ 距离逐渐增大，但 $K-L$ 距离值都特别小（几乎为 0），说明电流和功率包络信号去除趋势项后具有渐进正态分布特性。

5.2.15.3 小结

电流包络和功率包络在去除趋势项和周期项后的均值很小，可以忽略不计；电流包络信号去除趋势项后方差为 15～6200，电流包络同时去除趋势项和周期项后方差为 10～12，功率包络信号去除趋势项后方差为 1.2×10^{10}～1.7×10^{12}，功率包络信号同时去除趋势项和周期项后方差为 5.5×10^9～1.4×10^{10}；由此可知，通过去除包络信号中的趋势项和周期项可以将包络信号非平稳随机过程变为弱平稳随机过程。此外，由概率密度函数图以及概率密度函数 $K-L$ 距离可知电气化铁路包络信号去除趋势项和周期项后服从渐进正态分布特性。

5.2.16 电气化铁路包络信号随机特征参数分析结果（五）

针对山海关牵引变电站电气化铁路 3 月 30 日的电流和功率包络信号，利用 5.1.3 节中的随机特性分析方法对其进行了随机特性分析，并得到电流和功率包络信号分布特性，下面给出分析结果。

5.2.16.1 均值、方差分析结果

1. 去除趋势项后分析结果

（1）由图 5−242 和图 5−243 可知，电气化铁路电流包络信号去除趋势项后随机样本的均值最大值小于 1.1×10^{-12}，而功率包络信号去除趋势项后随机样本的均值最大值小于 2.9×10^{-8}。

（2）由图 5−244 和图 5−245 可知，电流包络信号去除趋势项后在 9180s 时方差最大，功率包络信号去除趋势项后在 20s 时方差最大，说明此时信号波动最大。

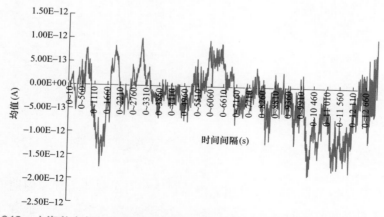

图 5−242　山海关电气化铁路 10s 间隔瞬时电流包络去除趋势项后的随机样本均值

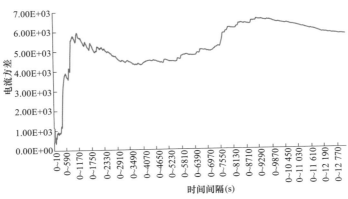

图 5-243　山海关电气化铁路 10s 间隔瞬时电流包络去除趋势项后的随机样本方差

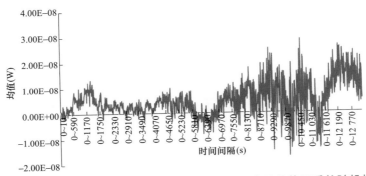

图 5-244　山海关电气化铁路 10s 间隔瞬时功率包络去除趋势项后的随机样本均值

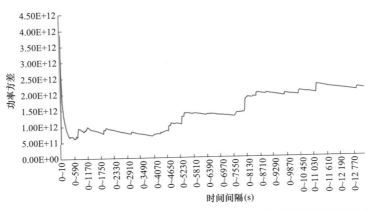

图 5-245　山海关电气化铁路 10s 间隔瞬时功率包络去除趋势项后的随机样本方差

2. 去除趋势项和周期项后分析结果

（1）由图 5-246 和图 5-247 可知，电气化铁路电流包络信号去除趋势项和周期项后随机样本的均值最大值小于 0.01A，而功率包络信号去除趋势项和周期项后随机样本的均值在 70s 后变化比较小。

（2）由图 5-248 和图 5-249 可知，电流包络信号去除趋势项和周期项后在 1190s

时方差最大，功率包络信号去除趋势项和周期项后在 20s 时方差最大，说明此时信号波动最大。

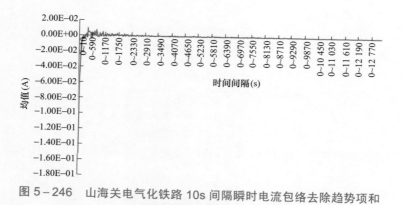

图 5-246　山海关电气化铁路 10s 间隔瞬时电流包络去除趋势项和
周期项后的随机样本均值

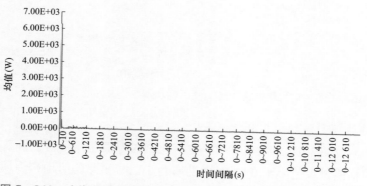

图 5-247　山海关电气化铁路 10s 间隔瞬时电流包络去除趋势项和
周期项后的随机样本方差

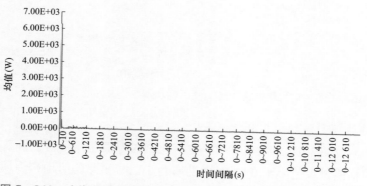

图 5-248　山海关电气化铁路 10s 间隔瞬时功率包络去除趋势项和
周期项后的随机样本均值

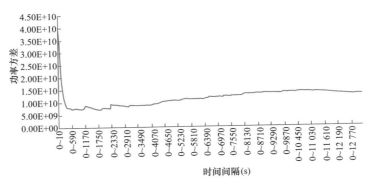

图 5 – 249　山海关电气化铁路 10s 间隔瞬时功率包络去除趋势项和周期项后的随机样本方差

5.2.16.2　概率密度函数分析

1. 去除趋势项后概率密度函数

利用 MATLAB 程序得出电气化铁路电流和功率包络信号去除趋势项和后的概率密度函数图,每增加10s求得一个概率密度函数,分别得到1320张图。下面列出 0～13 198s 电流和功率包络信号的概率密度函数图,如图 5 – 250 所示。同时利用 MATLAB 程序得出了电流和功率包络信号概率密度函数的 $K-L$ 距离,如图 5 – 251 和图 5 – 252 所示。

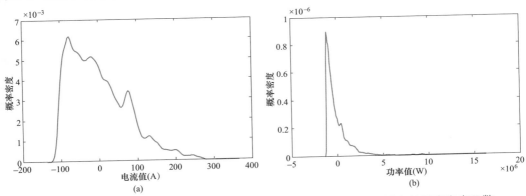

图 5 – 250　山海关电气化铁路 0～3299s 包络去除趋势项后随机样本的概率密度函数

（a）瞬时电流；（b）功率

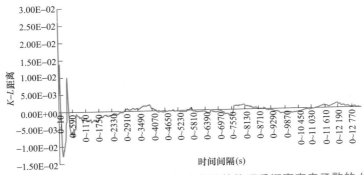

图 5 – 251　山海关电气化铁路瞬时电流包络去除趋势项后概率密度函数的 $K-L$ 距离

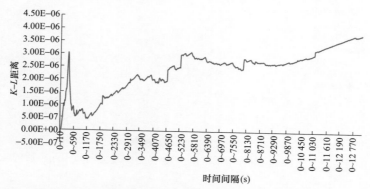

图5-252　山海关电气化铁路瞬时功率包络去除趋势项后概率密度函数的K-L距离

（1）由图5-250可知，电流和功率包络信号去除趋势项后在0～3299s不具有近似正态分布特性。

（2）由图5-251和图5-252可知，电流和功率包络信号去除趋势项后，随着样本量的增加概率密度函数的K-L距离逐渐增大，说明电流和功率包络信号去除趋势项后具有对数正态分布特性。

2. 去除趋势项和周期项后概率密度函数

利用MATLAB程序得出电气化铁路电流和功率包络信号去除趋势项和周期项后的概率密度函数图，每增加10s求得一个概率密度函数，分别得到1320张图。下面列出0～13 198s电流和功率包络信号的概率密度函数图，如图5-253所示。同时利用MATLAB程序得出了电流和功率包络信号概率密度函数的K-L距离，如图5-254和图5-255所示。

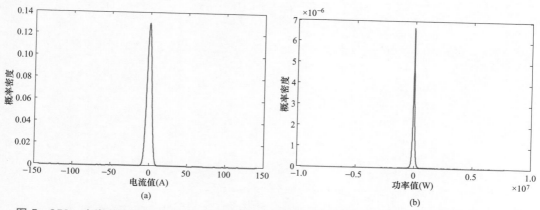

图5-253　山海关电气化铁路0～3299s包络去除趋势项和周期项后随机样本的概率密度函数
（a）瞬时电流；（b）功率

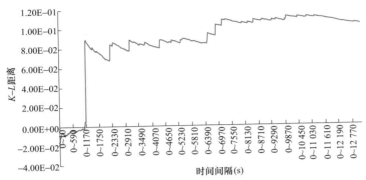

图 5-254　山海关电气化铁路瞬时电流包络去除趋势项和周期项后概率密度函数的 $K-L$ 距离

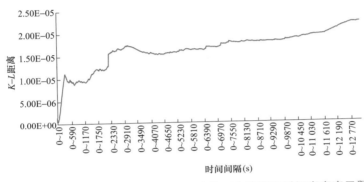

图 5-255　山海关电气化铁路瞬时功率包络去除趋势项和周期项后概率密度函数的 $K-L$ 距离

（1）由图 5-253 可知，电流和功率包络信号去除趋势项和周期项后在 $0\sim13\ 198\text{s}$ 具有渐进正态分布特性。

（2）由图 5-254 和图 5-255 可知，电流包络信号去除趋势项和周期项后，随着样本量的增加概率密度函数的 $K-L$ 距离逐渐减小，功率包络信号去除趋势项和周期项后，随着样本量的增加概率密度函数的 $K-L$ 距离逐渐增大，但 $K-L$ 距离值都特别小（几乎为 0），说明电流和功率包络信号去除趋势项后具有渐进正态分布特性。

5.2.16.3　小结

电气化铁路电流包络和功率包络在去除趋势项和周期项后的均值很小，可以忽略不计；电流包络信号去除趋势项后方差为 $340\sim6590$，电流包络同时去除趋势项和周期项后方差为 $8.0\sim11.1$；功率包络信号去除趋势项后方差为 $4.7\times10^{11}\sim3.9\times10^{12}$，功率包络信号同时去除趋势项和周期项后方差为 $7.3\times10^{9}\sim4.0\times10^{10}$。由此可知，通过去除包络信号中的趋势项和周期项可以将包络信号非平稳随机过程变为弱平稳随机过程。此外，由概率密度函数图以及概率密度函数 $K-L$ 距离可知电气化铁路包络信号去除趋势项和周期项后服从渐进正态分布特性。

5.3 结论

本书针对典型非线性电力动态负荷随机特性的分析工作，研究确定了均值、方差、众数、自相关函数、功率谱密度及概率密度函数六个随机特征参量来表征动态负荷信号的内在特性；研究了非平稳随机过程转化为弱平稳随机过程的准则，采用一阶差分算子的处理方法将非平稳随机过程有效转化为弱平稳随机过程；采用 Terrel 方法确定组距以绘制最优直方图来曲线拟合非线性电力动态负荷瞬时电流和功率包络信号的概率密度函数；采用分布拟合方法来估计典型非线性电力动态负荷瞬时电流和功率包络信号的概率分布，并采用 Kullback-Leibler 距离检测法对概率分布进行检验，分析得出非线性电力动态负荷随机特性的分析结果。

5.3.1 分布式光伏电源动态负荷随机特征参量的分析结论

（1）瞬时电流均值变化范围为 $-3 \times 10^{-4} \sim 3 \times 10^{-4}$A，瞬时功率均值变化范围为 $-0.05 \sim 0.05$W，所以可将数学期望作为零处理。

（2）瞬时电流方差变化范围为 $0.05 \sim 0.25$，瞬时功率方差变化范围为 $0.5 \times 10^6 \sim 2.5 \times 10^6$，表明动态电流和功率变化范围较大。

（3）瞬时电流众数变化范围为 $-0.5 \sim 1$A，瞬时功率众数变化范围为 $-200 \sim 200$W。

（4）瞬时电流和瞬时功率自相关函数只与时延 m 有关，与起始时间无关；瞬时电流和瞬时功率均属于能量有限信号。

（5）负荷电流和功率包络信号服从渐进正态分布特性，该分布特性反映了分布式光伏电源输出功率变化的重要特征。

综合上述对分布式光伏电源随机特性的分析结果，确定四个主要特征参量为均值、方差、功率谱密度和概率密度函数，确定两个次要特征参量为众数和自相关函数。

5.3.2 电弧炉动态负荷随机特征参量的分析结论

（1）瞬时电流均值变化范围为 $-7.5 \times 10^{-4} \sim 5 \times 10^{-4}$A，瞬时功率均值变化范围为 $-20 \sim 30$W，所以可将数学期望作为零处理。

（2）瞬时电流方差为 $1.9 \times 10^3 \sim 1.98 \times 10^3$，瞬时功率方差为 $2.2 \times 10^{12} \sim 2.3 \times 10^{12}$ 之间，表明动态电流和功率变化范围最大。

（3）瞬时电流和瞬时功率众数均为 0。

（4）瞬时电流和瞬时功率自相关函数只与时延 m 有关，与起始时间无关；瞬时电流和瞬时功率均为能量有限信号。

（5）负荷电流和功率包络信号服从渐进正态分布特性，该分布特性反映了电弧炉输出功率变化的重要特征。

综合上述对电弧炉随机特性的分析结果，确定四个主要特征参量为均值、方差、功率谱密度和概率密度函数，确定两个次要特征参量为众数和自相关函数。

5.3.3 轧钢机动态负荷随机特征参量的分析结论

（1）瞬时电流均值变化范围为 $-4\times10^{-3}\sim3\times10^{-3}\,A$ 之间，瞬时功率均值变化范围为 $-60\sim40W$ 之间，所以可将数学期望作为零处理。

（2）瞬时电流方差为 $2.70\times10^{3}\sim2.78\times10^{3}$ 之间，瞬时功率方差为 $3.45\times10^{12}\sim3.6\times10^{12}$，表明动态电流和功率变化范围最大。

（3）瞬时电流众数为0A，瞬时功率众数变化范围为 $-6\times10^{6}\sim3\times10^{6}\,W$。

（4）瞬时电流和瞬时功率自相关函数只与时延 m 有关，与起始时间无关；瞬时电流和瞬时功率均为能量有限信号。

（5）负荷电流和功率包络信号服从渐进正态分布特性，该分布特性反映了轧钢机输出功率变化的重要特征。

综合上述对轧钢机随机特性的分析结果，确定四个主要特征参量为均值、方差、功率谱密度和概率密度函数，确定两个次要特征参量为众数和自相关函数。

5.3.4 电气化铁路动态负荷随机特征参量的分析结论

（1）瞬时电流均值变化范围为 $-1\times10^{-3}\sim1\times10^{-3}\,A$，瞬时功率均值变化范围为 $-60\sim60W$，所以可将数学期望作为零处理。

（2）瞬时电流方差为 $10\sim20$，瞬时功率方差为 $5\times10^{10}\sim9\times10^{10}$，表明动态电流和功率变化范围很大。

（3）瞬时电流和瞬时功率众数均为0。

（4）瞬时电流和瞬时功率自相关函数只与时延 m 有关，与起始时间无关；瞬时电流和瞬时功率均为能量有限信号。

（5）负荷电流和功率包络信号在短时间内样本的分布具有偏态分布特性，但随着采集信号样本的不断增加，电流和功率包络信号服从渐进正态分布特性，该分布特性反映了电气化铁路输出功率变化的重要特征。

综合上述对电气化铁路随机特性的分析结果，确定四个主要特征参量为均值、方差、功率谱密度和概率密度函数，确定两个次要特征参量为众数和自相关函数。

5.3.5 非线性电力动态负荷随机特性分析的结论

综合以上四类非线性电力动态负荷随机特性的分析结果，可以确定动态负荷的主要四个随机特征参量为均值、方差、功率谱密度和概率密度函数，同时，给出两个次要特征测量：众数和自相关函数。建立动态测试信号模型时，均值、方差、功率谱密度和概率密度函数是需要考虑的模型的主要特征参数。

参 考 文 献

［1］陈左宁，李伯虎，柴旭东，等．"互联网＋"行动计划总体发展战略研究［J］．中国工程科学，2018，20（2）：1－8.

［2］胡钋，李莉莉，吕盈睿，等．能源互联网技术形态与关键技术研究［J］．中国高新科技，2019，55：22－24.

［3］张文亮，刘壮志，王明俊，等．智能电网的研究进展及发展趋势［J］．电网技术，2009，33（13）：6－16.

［4］US Department of Commerce，NIST.NIST Framework and Roadmap for Smart Grid Interoperability Standards，Release 2.0［J］．2012：1－225.

［5］黄滨，安郁滨．试论中国智能电网的发展［J］．中外能源，2014，19（10）：21－24.

［6］刘英军，郝木凯，邓伟．我国智能电网发展情况［J］．电器工业，2017，6：12－18.

［7］曾平良，许晓慧．坚强智能电网的规划与发展［J］．国家电网，2013，1：82－85.

［8］黄全权．2020年建成统一的"坚强智能电网"［J］．国家电网，2009，6：24.

［9］Colak I，Sagiroglu S，Fulli G，et al. A survey on the critical issues in smart grid technologies［J］．Renewable & Sustainable Energy Reviews，2016，54：396－405.

［10］高骏，高志强．我国统一坚强智能电网建设综述［J］．河北电力技术，2009，28S（B11）：P1－3，7.

［11］曾鸣．《电力发展"十三五"规划》解读［J］．中国电力企业管理，2017（1）：1－3.

［12］电力"十三五"规划中期评估及优化［J］．中国电力企业管理，2019，4：10－14.

［13］彭锋，李晓．中国电炉炼钢发展现状和趋势［J］．钢铁，2017，52（4）：7－12.

［14］薛雷．我国电弧炉炼钢技术发展现状及展望［J］．天津冶金，2015，195（5）：13－18.

［15］景德炎．电气化铁路直购电研究与建议［J］．中国铁路，2020，1：29－37.

［16］O'Kelly，D.Probability characteristics of fundamental and harmonic sequence components of randomly varying loads［J］．IEE Proceedings Part C Generation Transmission & Distribution，1982，129（2）：70－78.

［17］代仕勇，彭晓涛，朱利鹏，等．基于负荷波动特性的联络线随机功率波动幅值估计［J］．电力系统自动化，2013，37（21）：29－33.

［18］Zhou N C，Xicong X，Wang Q G.Probability model and simulation method of electric vehicle charging load on distribution network［J］．Electric Power Components & Systems，2014，42（9）：879－888.

［19］Wu J Q，Bose A. Parallel solution of large sparse matrix equations and parallel power flow［J］．IEEE Transactions on Power Systems，1995，10（3）：1343－1349.

［20］孟晓丽，唐巍，刘永梅，等．大规模复杂配电网三相不平衡潮流并行计算方法［J］．电力系统

保护与控制，2015，43（13）：45－51.

［21］ Noor I A W，Azah M，Aini H. Fast transient stability assessment of large power system using probabilistic neural network with feature reduction techniques［J］. Expert Systems with Application，2011，38（9）：11112－11119.

［22］ Min Y，Chen L. A transient energy function for power systems including the induction motor model ［J］. Science in China：Technological Sciences，2007，50（5）：575－584.

［23］ Rei A M，Schilling M T. Reliability assessment of the Brazilian power system using enumeration and Monte Carlo［J］. IEEE Transactions on Power Systems，2008，23（3）：1480－1487.

［24］ 杨毅，雷霞，叶涛，等. 考虑安全性与可靠性的微电网电能优化调度［J］. 中国电机工程学报，2014，34（19）：3080－3088.

［25］ Kandil M S，El-Debeiky S M，Hasanien N E. Overview and comparison of long-term forecasting techniques for a fast developing utility：part Ⅰ［J］. Electric power systems research，2001，58（1）：11－17.

［26］ Mao H，Zeng X J，Leng G，et al.Short-Term and midterm load forecasting using a bilevel optimization model［J］. IEEE Transactions on Power Systems，2009，24（2）：1080－1090.

［27］ Vournas C D，Krassas N D.Voltage stability as affected by static load characteristics［J］. Generation Transmission & Distribution IEE Proceedings-C，1993，140（3）：221－228.

［28］ 章健，宋红志. 电力负荷静态样条函数模型［J］. 郑州大学学报：工学版，2003，4：21－25.

［29］ 鞠平，潘学萍，韩敬东. 三种感应电动机综合负荷模型的比较［J］. 电力系统自动化，1999，23（19）：40－47.

［30］ 张艳，廖卫平，陈深，等. 一种极坐标系的感应电动机三阶机电暂态模型［J］. 电气应用，2018，37（5）：28－33.

［31］ 梁涛，周宁，卢天琪，等. 感应电动机负荷暂态模型的参数填补方法及典型参数分析［J］. 电力系统自动化，2020，44（1）：74－82.

［32］ Lin C J，Chen Y T，Chiou C Y，et al. Dynamic load models in power systems using the measurement approach［J］. IEEE Transactions on Power Systems，1993，8（1）：309－315.

［33］ 贺仁睦，王卫国，蒋德斌，等. 广东电网动态负荷实测建模及模型有效性的研究［J］. 中国电机工程学报，2002，22（3）：79－83.

［34］ 郑晓雨，贺仁睦，马进. 逐步多元回归法在负荷模型扩展中的应用［J］. 中国电机工程学报，2011，31（4）：72－77.

［35］ 廖延涛，胡骏，张海龙，等. 用于电能质量预测分析的交流电弧炉时变参数模型［J］. 电气技术，2016，3：41－46.

［36］ 彭虹桥，顾洁，宋柄兵，等.基于多维变量筛选－非参数组合回归的长期负荷概率预测模型［J］.电网技术，2018，42（6）：1768－1777.

［37］ 吴倩红，高军，侯广松，等.实现影响因素多源异构融合的短期负荷预测支持向量机算法［J］.电力系统自动化，2016，40（15）：67－72.

［38］Yang Y，Li S，Li W，et al.Power load probability density forecasting using Gaussian process quantile regression［J］. Applied Energy，2018，213：499－509.

［39］Lee W J，Hong J. A hybrid dynamic and fuzzy time series model for mid-term power load forecasting［J］. International Journal of Electrical Power & Energy Systems，2015，64：1057－1062.

［40］Askari M，Fetanat A.Long-term load forecasting in power system：grey system prediction-based models［J］. Journal of Applied Sciences，2011，11（16）：3034－3038.

［41］Hernandez L，Baladron C，Aguiar J M，et al. Artificial neural networks for short-term load forecasting in microgrids environment［J］. Energy，2014，75：252－264.

［42］陈浩文，刘文霞，李月乔. 基于奇异谱分析与神经网络的中期负荷预测［J］. 电网技术，2020，44（4）：1333－1347.

［43］Domijan A，Embriz-Santander E，Gilani A，et al. Watthour meter accuracy under controlled unbalanced harmonic voltage and current conditions［J］. IEEE Transactions on Power Delivery，1996，11（1）：66－72.

［44］贺仁睦，王吉利，史可琴，等. 实测冲击负荷分析与建模［J］. 中国电机工程学报，2010，30（25）：59－65.

［45］祝晶，李欣然，陈辉华，等. 基于元件与量测相结合的负荷特性数据库系统［J］. 电力自动化设备，2006，26（1）：51－54.

［46］王晓华，赵凯. 电弧炉引起的电压波动与闪变的抑制方法［J］.吉林电力，2006，34（6）：25－27.

［47］王永宁，许伯强，李和明. 电弧炉电气系统谐波电流仿真研究［J］. 华北电力大学学报：自然科学版，2005，32（1）：28－31.

［48］单春贤，彭杰，陈万家. 基于动态电弧模型的交流电弧炉三相不平衡分析与控制［J］. 铸造技术，2011，32（2）：234－238.

［49］刘小河，赵刚，于娟娟. 电弧炉非线性特性对供电网影响的仿真研究［J］. 中国电机工程学报，2004，24（6）：30－34.

［50］刘小河，杨秀媛. 电弧炉电气系统谐波分析的频域方法研究［J］. 中国电机工程学报，2006，26（2）：30－35.

［51］杨文华，李建华，焦莉. 基于测量数据的电弧炉随机模型及谐波电流计算［J］. 电力设备，2007，8（8）：28－32.

［52］张恺伦，陈宏伟，江全元. 电弧炉负荷的三相综合建模与参数辨识［J］. 电力系统保护与控制，2012，40（16）：77－82.

［53］张峰，何新，杨丽君. 用于电能质量分析的电弧炉仿真模型［J］. 电气技术，2013，7：54－58.

［54］王琰，毛志忠，李妍，等. 用于电压波动研究的交流电弧炉电弧模型［J］. 电网技术，2010，34（1）：42－46.

［55］张晓薇，李振国. 电气化铁路接入电力系统220kV和110kV供电电压等级的研究［J］. 电力系统保护与控制，2008，36（17）：13－15，31.

［56］任占文. 浅析电气化铁路供电系统［J］. 科技创新导报，2009，12：50.

[57] 常帅，郭昆丽，王建波，等．电气化铁路谐波对地区电网的影响［J］．西安工程大学学报，2016，3：327－332.

[58] 孟丽萍．电气化铁路负序影响及对策［J］．应用能源技术，2007，8：38－40.

[59] 解绍锋，李群湛，赵丽平．电气化铁道牵引负载谐波分布特征与概率模型研究［J］．中国电机工程学报，2005，25（16）：79－83.

[60] 赵闻蕾，孔莉，等．基于 MATLAB 和小波变换的电力机车谐波电流分析［J］．电力自动化设备，2012，32（1）：103－106.

[61] 张桂南，刘志刚，向川，等．多频调制下电气化铁路电压波动特性分析及频率估计［J］．电网技术，2017，41（1）：251－257.

[62] Wang F. Harmonic analysis of electrified railway based on improved HHT［C］. International Conference on Advances in Materials，Machinery.2018：040092.

[63] Chen Y L，Wang X R，Lv X Q. Study on probability distribution of electrified railway traction loads based on kernel density estimator via diffusion［J］. Electrical Power and Energy Systems，2019，106：383－391.

[64] 郭兴昕，贾军，郭晓艳，等．智能电能表发展历程及应用前景［J］．江苏电机工程，2012，31（1）：82－84.

[65] 周丽荣，王萍．智能电表的应用与发展前景［J］．科学技术与创新，2019，32：80－82.

[66] 林盾，蓝磊，柴旭峥．基于谐波分析理论的 FFT 电能计量模型的改进［J］．继电器，2004，32（10）：27－30.

[67] 李金瑾，卓浩泽，唐志涛，等．电子式互感器采样频率对电能计量准确性影响研究［J］．广西电力，2018，41（3）：27－29，34.

[68] 杜辉．电能计量装置在运行工况下综合误差分析研究[J]计量测试与检定，2020，30（2）：18－24.

[69] 马秀峰，夏军．游程概率统计原理及其应用［M］．北京：科学出版社，2011.